# 图解无花果品种、栽培与加工

吴 江 等 编著

U0239469

中国农业出版社
农村读物出版社
北 京

# 编　著　者

吴　江　　魏灵珠　　郑　婷　　向　江

于国光　　程建徽　　钱继昌　　杜拴柱

彭　娟　　黄武权　　周鸿涛　　金明祥

# 序

　　无花果是一种古老的水果，其营养丰富，被誉为"21世纪人类健康的守护神"。但相比苹果、梨、葡萄、柑橘等大面积种植的水果，无花果的种植和产业发展水平远远不及。目前，无花果国内消费市场并不发达，所以发展无花果产业是一个有前景、有希望的产业。

　　吴江老师团队撰写的《图解无花果品种、栽培与加工》一书从品种特性、育苗技术、果园建立、栽培技术、灾害及防治、采收包装与储藏保鲜、加工品开发等方面对无花果生产进行了详细讲解。本书着重介绍了无花果的采后加工技术。因无花果不耐储运，且结果时间长，很多无花果采收时不能达到成熟状态，不能食用但营养成分依然丰富，所以提高采后无花果的储运保鲜和深加工水平，是无花果产业可持续健康发展的重要环节。本书配以大量彩图，图文并茂，内容丰富，文字流畅，实用性和针对性强，值得广大科研人员和种植者参考学习，对初学者或是已具备生产经验的读者来说，都是一本实用指南书。

　　希望本书的出版，在科普的同时，能够拓宽无花果研究领域科研人员以及无花果种植人员的思路，也相信本书的出版必将有助于我国无花果品种的示范推广，助推我国无花果产业的健康可持续发展，提高我国无花果产业的国际竞争力。

友宏友

2022 年 6 月

# 前　言

　　无花果（*Ficus carica* L.）属桑科（Moraceae）榕属（*Ficus*），别名映日果、奶浆果、蜜果、树地瓜、文仙果、明目果、隐花果等，为多年生亚热带果树，灌木或小乔木，因无花果的小花隐藏在花托内，只能看到花托形成的假果而看不到花，故称无花果。无花果味美可口，营养丰富，果、茎、叶、根均含有多种氨基酸和有益于身体健康的微量元素、维生素及多糖类，还富含香柑内酯、补骨脂素、黄酮等物质，叶中锌、铁等微量元素含量也较高，具有显著的抑肿瘤、降血脂等功效，被《圣经》誉为"神圣之果"、《古兰经》誉为生命的"守护神"。其滋补、防病、治病、健身的功效被世界各国公认，被誉为"抗癌斗士"和"21世纪人类健康的守护神"。

　　无花果于汉代传入我国，在我国已有2 000年的栽植历史，最早在新疆南部栽培，随"丝绸之路"传入甘肃和陕西等地。近年来，我国无花果产业发展迅速，种植面积不断扩大，分布区域不断增多。截至2022年，我国无花果种植遍布全国各地，面积达50万亩，主要分布在山东、四川、新疆、云南、上海、浙江、福建、广东等地。我国栽种的大部分无花果品种从美国、日本等国引进，主要有青皮、麦氏衣陶芬、布兰瑞克、波姬红等。近年来，我国也陆续选育出新疆早黄、紫宝、青花、彩毅、绿抗1号、丝路红玉、丝路黄金、甜城红、红颜等品种。

　　随着无花果在我国的栽培范围越来越广，科学研究的力度也越来越大，包括引种试种、芽变选种、病虫害防治、栽培管理技术、加工产品研发、活性物质提取、功效成分分析、果实发育和成熟机理研究等。很多无花果生产相关研究内容并没有经过系统整理，目前国内也没有介绍无花果特性的较为全面的书籍，因此，本团队开始着手撰写《图解无花

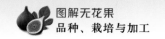
果品种、栽培与加工》一书。第一章为无花果概述，介绍了无花果栽植历史及现状，以及无花果的生物学特性；第二章为无花果常见品种，介绍了国外引进的主栽品种和我国自主选育的品种；第三章为无花果育苗技术，介绍了扦插育苗、分蘖育苗、嫁接育苗、组织培养育苗的方法，并介绍了苗木分级及运输的要求；第四章为无花果园的建立，介绍了无花果生长的环境要求、建园要求、设施类型、苗木定植；第五章为无花果栽培技术，讲解了整形修剪、花果管理、土肥水管理的具体操作；第六章为无花果常见灾害及防治，介绍了无花果常见病害、虫鸟害、气象灾害及其防治；第七章为无花果采收包装、储藏保鲜，介绍了采收、包装等的要点；第八章为无花果加工品的开发，介绍了无花果的营养价值和深加工现状，对十余种无花果加工品的工艺流程进行了讲解说明。书后则附绿色食品的农药使用准则。

本书的撰写得到了中国农业大学马会勤老师、东莞市农业科学研究中心马锞老师、杨凌职业技术学院钱拴提老师等多位老师的支持，在编写过程中参考了《无花果高效栽培与加工利用》《无花果储藏保鲜加工与综合利用》《图解无花果优质栽培与加工利用》等大量的学术著作，以及国内外无花果科研领域的科研成果，在此一并表示感谢。本书内容系统全面，图文并茂，适用面广，具有较高的学术应用价值，适用于无花果一线生产人员及园艺、植物生产相关专业的师生阅读。

在撰写过程中，虽力求精益求精，但因水平所限，加之收集的资料不够丰富，疏漏之处在所难免，敬请读者不吝指教。

编著者

2022 年 6 月

# 目　录

序
前言

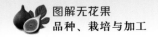

# 第一章　无花果概述

## 第一节　无花果栽植状况

无花果（*Ficus carica* L.）属桑科（Moraceae）榕属（*Ficus*），别名映日果、奶浆果、蜜果、树地瓜、文仙果、明目果、隐花果等，为多年生亚热带果树，灌木或小乔木，因无花果的小花隐藏在花托内，只能看到花托形成的假果而看不到花，故称无花果。其遍及亚洲、欧洲、非洲和美洲50多个国家，在《圣经》中被誉为"神圣之果"、在《古兰经》中被誉为生命的"守护神"，其滋补、防病、治病、健身的功效被世界各国公认，被誉为"抗癌斗士"和"21世纪人类健康的守护神"。无花果主要产区集中在地中海沿岸多个国家，是地中海国家最重要的水果作物之一。

世界无花果大会是被誉为无花果产业界"奥运会"的世界盛会。2019年9月5日，在克罗地亚罗维尼召开的第六届世界无花果大会上，我国获得第七届国际园艺学会世界无花果大会（2023年，四川威远）举办权。世界无花果大会即将首次走出地中海，来到中国，标志着中国无花果在世界范围内正式进入主产国之列。

### 一、栽培历史

无花果原产于地中海沿岸，大约7 000年前被驯化，在公元前8世纪的希腊诗文中已经出现了无花果的名字，据考古学家考证，埃及第十二王朝时代的金字塔内有无花果浮雕。无花果遍布世界热带地区，向北延伸到东地中海和中海，除了夏威夷群岛，几乎每个热带大陆和主要岛屿都有一种或多种本土无花果。

无花果于汉代传入我国，在我国已有2 000年的栽植历史，最早在新疆南部栽培，唐代随丝绸之路传入甘肃和陕西等地，此后，主要通过丝绸之路传入其他地区。到宋代，岭南等地也已开始栽培。至元明时期，中国的普通庭院里已经常见种植无花果。我国历史上无花果栽培品种引进有2条路线，其一是沿丝绸之路引进栽培新疆早黄、新疆晚黄等品种，其二是19世纪末随沿海口岸开放引进栽培青皮、布兰瑞克及紫果等品种。20世纪80年代以来，浙江省农业科学院在日本留学的朱振林引进了麦氏衣陶芬；山东省林业科学研究院、镇江市农业科学研究所及南京农业大学等单位从美国、日本、以色列、意大利等国家陆续引进优质无花果种质资源（孙锐等，2015）。2018年开始，衡水市世外桃源家庭农场每年从国外引进无花果新品种，目前已达到1 000多个品种。

## 二、栽培现状

无花果在世界50多个国家都有种植，2020年全球无花果种植面积约为28.6万 hm²，产量为135.5万 t。目前，葡萄牙、土耳其、阿尔及利亚、摩洛哥、埃及、伊朗、突尼斯、西班牙、阿尔巴尼亚和叙利亚等是无花果主产国家，种植面积最大的是葡萄牙和土耳其。

2019年底，中国无花果种植面积达2.7万 hm²，主要分布在新疆、山东、江苏、浙江、福建、上海、四川、陕西、甘肃、广西等省份，主要有三大产区，新疆、华东沿海地区、山东半岛，年产量4万～5万 t。无花果喜光、耐旱、耐盐碱、不耐严寒、不耐湿，适宜在年平均温度15 ℃、≥5 ℃积温达4 800 ℃的温暖湿润地区生长。因此，我国热带和亚热带地区以及胶东半岛沿海地区适宜无花果种植。但在保护地栽培模式下，无花果栽培区域可以扩大至全国，如新疆南部地区进行冬季主枝埋土防冻、北京地区设施栽培等（段玉权等，2019）。

目前，新疆是我国无花果种植面积最大的规模化生产地，主要分布在天山以南的克孜勒苏柯尔克孜自治州的阿图什，在库车、疏附、喀什、和田、库尔勒和吐鲁番地区也有一定规模的种植。阿图什的无花果以其优良的品质誉满全疆，有"无花果之乡"的美誉，这与其适宜无花果生长和结实的环境条件有关。阿图什地区夏季炎热，冬季寒冷，气候干燥，日照时足，昼夜温差大，无霜期长，全年日照时间在2 745 h以上。阿图什市松塔格乡松塔格村、阿孜汗村、麦协提村，阿扎克乡的铁间村，泰合提云乡的泰合提云村被称为"无花果之村"（麦合木提江·米吉提，2015）。

山东省是仅次于新疆地区的第二大无花果产区，据2016年统计，山东省无花果种植面积约占全国的50%。其中，威海种植面积最大，约2 000 hm²，2014年，威海荣成被中国经济林协会授予"中国无花果之乡"称号；青岛、烟台、济南、济宁、泰安等地均有一定面积种植。山东种植的大部分无花果品种由美国、日本等国引进，主要品种有青皮、麦氏衣陶芬、美丽亚、布兰瑞克、波姬红。

我国现在无花果栽培品种众多，果皮黄色的品种有金傲芬、布兰瑞克

（Branswick）、新疆早黄等；果皮红色至紫红色的无花果品种包括日本紫果（Violette Solise）、麦氏衣陶芬（Masui Dauphine）、蓬莱柿（Horaishi）、波姬红（Bpjihon）等；果皮黑色的有棒约翰（Papa John）等；果皮绿色的有青皮、绿抗1号等；果皮花色的有青花等。

## 三、文化发展

由于无花果是最早被人类驯化的果树种类之一，一直伴随着人类文明的发展，在一些地区或者对一些民族来说，无花果已经具有了一定的象征意义（Ferguson et al.，1990）。无花果是《圣经》中经常提到的七大作物中的一种（Zohary et al.，1975），而且关于无花果，在《圣经》和《可兰经》中有许多的典故。如伊甸园中就有无花果树，在《创世纪》中亚当和夏娃在偷食禁果后，用来遮挡身体的就是无花果的叶子。无花果的叶子已经被当作人类护卫的象征。无花果果实在西方被奉为"圣果"，在我国则被誉为"仙果"。圣经中就有用"每个人都站在自己的葡萄和无花果树下"的描述来表明和平与繁荣。此外，无花果还是伊斯兰教的一种神圣水果。在希腊神话中，无花果同样也具有重要的作用，因为它已成为一种象征被用于宗教礼仪中。在以往奥运会中，获胜的运动员获得的奖励就有无花果。在罗马，无花果更是神圣不可亵渎的。传说中罗马城是由双胞胎罗慕路斯（Romulus）与雷穆斯（Remus）建立的，这对双胞胎是由一头母狼哺乳养大的，而这头母狼则是躺在无花果的树下。罗马诗人奥维德曾说，无花果是古罗马人庆祝新年的最重要的礼物（麦合木提江·米吉提，2015）。

在中国也有很多关于无花果的文化传承，目前中国有关无花果的最早文字记载于《酉阳杂俎》一书。《酉阳杂俎》记载：阿驵出波斯、拂林人呼为底珍树。长丈余，枝叶繁茂，叶有五丫如蓖麻，无花而实，色赤类柿，一月而熟，味亦如柿。"阿驵""底珍树"就是无花果。明朱棣《救荒本草》中提及："无花果出山野中，今人家园圃中亦栽，叶形如葡萄叶，颇长硬而厚，梢作三叉，枝叶间生果，初则青，小熟大，状如李子。"无花果目前在新疆阿图什栽培最盛，阿图什人认为，无花果为幸福和吉祥的象征树，无花果的果实也被称为"糖包子"。2011秋季，我国首个"无花果之乡"嘉年华在威海启动，标志我国无花果产业已进入一二三产业融合、都市型现代农业的发展模式。

## 四、科学研究进展

近年来，无花果在我国的栽培范围越来越广，科学研究的力度也越来越大，包括引种试种、芽变选种、病虫害防治、栽培管理技术、加工产品研发、活性物质提取、功效成分分析、果实发育和成熟机理研究等。从发表文章来看（图1-1），1990—2000年文献数量迅速上升。而后一直处于迅速发展的时期，其中2009年达到历史最高231篇。在这些发文机构中，南京农业大学、河北农业大学及中国农业大学处在前三位。基于文献数量对无花果的研究现状进行分析，国内研究比国外起步晚，但发展较快，目前无论文献数量和质量还是发展态势和步伐均与国外基本一致，文献数量总体逐年增长。经过研究统计，我国无花果的发展可以分为3个阶段，1956—1990年为孕育期，1991—2000年为成长期，2001年至今为迅速发展期。国内无花果研究偏重于栽培技术、药理学、微生物和储藏保鲜技术等；国外则集中于无花果活性物质提取、药理、代谢与成分分析等方面。无花果储藏保鲜新技术、果实深加工技术、抗逆抗病害高产优品新品种培育、微生物及其利用、药理构效关系与活性物质分离纯化和安全性等将成为未来主要研究方向。随着人才和资金的大量投入，我国无花果研究正朝着现代化道路快步迈进（龙熙等，2019）。

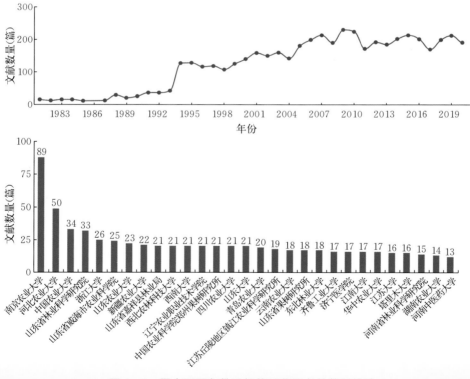

图1-1　国内不同年份及机构无花果文献数量统计

数据来源：中国知网。

通过 soopat 检索数据分析（图 1-2），2002—2021 年，我国有授权的无花果相关专利共 1 262 件，其中农业相关 1 009 件，占 79.95％。授权专利数目逐年递增，其中 2020 年授权专利 171 件。在 2010 年之前，每年的授权数目都在 10 件以下。

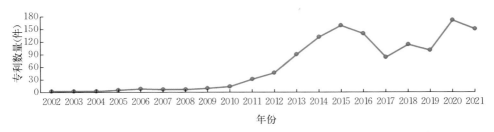

图 1-2　国内不同年份无花果授权专利数量统计

# 第二节　无花果生物学特性

## 一、形态特征

无花果果树整株高一般不超过 4 m，树冠呈半圆形或广卵形，主干明显，树皮呈灰褐色干状，平滑或有纵裂。单叶互生，且具有密生的灰色柔毛。树体、叶片、果实的形态如图 1-3 所示。变态花肉质，位于果实内部，花柄与果肉相连。种子呈圆形，位于花前端。无花果的果实为整个花序，果实表面有果棱不规则分布，果皮可呈多种颜色，有绿色、紫红色、艳红色、黑色、金黄色及紫或绿条花斑。果实底部有圆形果孔（目）。果柄短而细或粗而短，位于叶腋上部，多数为 1 节 1 叶 1 果，少数 2 果。无花果的根、茎、枝、叶等均能分泌乳白色液体。

据《中国植物志　第 23 卷》详细记载，无花果为落叶灌木，高 3～10 m，多分枝；树皮灰褐色，皮孔明显；枝直立（金傲芬）或开张（波姬红），粗壮。叶互生，厚纸质，广卵圆形，长宽近相等，为 10～20 cm，通常 3～7 裂，小裂片卵形，边缘具不规则钝齿，表面粗糙，背面密生细小钟乳体及灰色短柔毛，基部浅心形，基生侧脉 3～5 条，侧脉 5～7 对；叶柄长 2～5 cm，粗壮；托叶卵状披针形，长约 1 cm，红色。雌雄异株，雄花和瘿花同生于一榕果内壁，雄花生内壁口部，花被片 4～5 片，雄蕊 3，有时 1 或 5，瘿花花柱侧生，短；雌花花被与雄花同，子房卵圆形，光滑，花柱侧生，柱头 2 裂，线形。榕果单生叶腋，果形不一，如球形、葫芦形、陀螺形、倒卵形、梨形、瓮形等，直径 3～5 cm，顶部下陷，成熟时颜色有 7 种，基生苞片 3，卵形；瘦果透镜状。无花果的果实结构如图 1-4 所示。

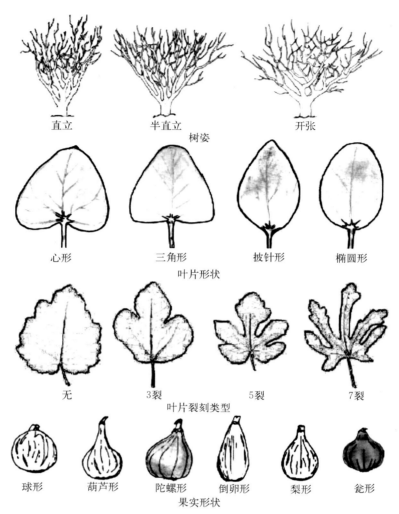

直立　　　　　　半直立　　　　　　开张

树姿

心形　　　　三角形　　　披针形　　　椭圆形

叶片形状

无　　　　　3裂　　　　　5裂　　　　　7裂

叶片裂刻类型

球形　　葫芦形　陀螺形　倒卵形　梨形　瓮形

果实形状

图1-3　无花果形态特征（引自 NY/T 2587—2014）

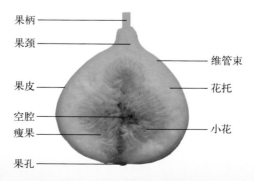

果柄

果颈

维管束

果皮

花托

空腔

瘦果

小花

果孔

图1-4　无花果果实结构

## 二、开花结果习性

通常人们并不能观察到无花果的花，因为花被包裹在果实的内部。无花果的果实是由向内凹陷的肉质花托包裹着数以百计的带有花梗的小核果组成的聚合果，小核果由排列在花托内壁的许多小的雌花发育而成。在花托的底部，有一个向内收缩的小孔。无花果的花不仅非常小，而且包裹在花托内部，因此，使得人们误认为无花果只结果不开花（图1-5）。

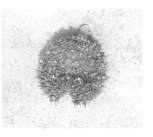

图1-5 无花果开花状

无花果具有单性花和雌花两性花的特征，花序非常特别，由隐藏在花中的隐头花序组成，进而发育成具有细小花梗的核果，称为无花果的种子。在形态学上无花果是雌花两性花异株，但在功能上是雌雄异株的。雄花由带有花粉的花药组成。无花果的授粉媒介为与其共生的无花果小蜂（*Blastophaga psenes* L.），无花果小蜂寄生于无花果内单花的子房。每个无花果内约有2 000朵花。雌花有两种类型：长花型和短花型。无花果小蜂产卵器可以穿透短花型花的子房产卵。但由于产卵器太短，不能穿透长花型花的子房。因此，无花果小蜂幼虫占据短花的子房，而种子则在长花的子房中发育。单性结实是指花的子房发育没有经过授粉和受精。在无花果中，是指空心、无核的小核果，包括刺激性单性结实（stimulative parthenocarpy）和营养单性结实（vegetative parthenocarpy）。前者是指通过无花果小蜂幼虫的产卵和栖息发育的小核果，由于卵子和胚囊在这个过程中被破坏，幼虫赖以生存的营养核和胚乳组织在没有受精的情况下发育，由此产生的小核果是带有无花果小蜂幼虫的空心果皮；后者是指在没有授粉、受精或任何已知刺激的情况下发育的小核果和复合果实，小核果是空心的果皮，这是具有持久基因的普通无花果的特征，这些无花果不需要无花果小蜂授粉，然而，如果它们被授粉和受精，则完全有能力生产带种子的小核果。

无花果每年结果2次：凡在上一年生枝的腋芽上长出的果实，一般在6～7月成熟，果实较大而结果量少，称为夏果；凡当年抽生枝条的腋芽上长出的果实，一般在8月开始成熟，可一直边抽枝边结果至11月霜冻来临之前，南方设施栽培的可以延迟到12月，这种果实稍小，但结果时间长、数量多、产量高，称为秋果。

无花果果实由果梗、果颈和果肉（果浆）组成。果实尾部有1个小孔（果孔或果目），便于无花果小蜂进入授粉。果实横切面从外到内由果皮、花托、小果（花柱和种子）、空腔等部分构成。小花粉红、红褐、淡黄、褐色等；种子扁卵形，淡棕黄色；果皮上有果点、果脉，果脉紫红或其他颜色；小果进入开花期时果孔开始开裂，果孔处有鳞片，鳞片紫红色、黄色或紫色（胡西旦·买买提等，2020）。果实的生长表现出典型的双S形曲线：第1阶段的特征是细胞快速分裂和扩大导致体积快速增长；单性结实和授粉的果实然后进入第2阶段，这是一个停滞阶段；在第3阶段，果实急剧增大，伴随着糖分积累、颜色和香气的发展以及果实变软。

无花果是一种高产水果，6年生以上的无花果树，株产鲜果30~150 kg，每667 m² 产量可达1 750 kg以上。品种与栽培管理水平不一，产量差别较大，管理水平高的麦氏衣陶芬每667 m² 产量达3 500 kg以上。

## 三、枝条及根系生长

无花果一年即可成苗，没有主根，但有几条侧根和大量的须根和不定根，侧根较为粗壮，须根和不定根均属于浅根系。地温在9~10 ℃时根部便开始生长，南北方大致在3~5月。具体的生长时间为：3~4月时，生长速度较缓慢；5月时，开始迅速生长；6月时，生长速度最快；8月时，由于地温过高造成生长停滞，到秋季地温降到适宜温度时会再次生长，当地温降至10 ℃以下时，将会停止生长。下一年地温重新升温至适宜温度时，根系会再次开始生长，如此循环往复。

无花果生长势强，枝条一年多次生长。不同成熟度的枝条如图1-6所示。4月初开始萌动，6月中旬进入旺盛生长，幼树新梢及徒长枝年生长量可达2 m以上，生长旺盛的枝条中上部多发生二次枝。5月中旬开始，自下而上分化花芽，新梢生长、花芽分化、花器形成、果实生长发育同步进行，这也是无花果

图1-6 不同成熟度枝条横切面

区别于其他果树的生长结果特性，是早果（在南方当年扦插当年结果）、丰产、稳产的生物学基础。芽有顶芽、叶芽、花芽、潜伏芽和不定芽。顶芽饱满且较长，潜伏芽较多而寿命长，可达数十年。重剪时，潜伏芽萌发形成新树冠。无花果萌芽率较低，成枝力较弱，骨干枝明显，树冠枝条较稀疏（王博等，2016）。

## 四、生长特点

无花果的生育阶段包括 6 个主要的物候期，休眠期（落叶至萌芽前）、芽萌动期（全树 25％的芽开始萌发）、展叶期（顶芽开始展开 1、2 片叶的时期）、新梢生长期（包括新梢迅速生长期和新梢缓慢生长期）、幼果出现期、成熟期（多数果实开始出现成熟果实的典型皮色，果肉颜色、硬度和糖度水平相对稳定的时期）。

不同地区无花果的物候阶段出现时期不同。山东济宁地区，一般萌芽在 3 月下旬，展叶在 4 月中旬，秋果成熟在 8～9 月，落叶在 11 月下旬。威海地区，一般萌芽在 4 月下旬，展叶在 5 月上旬，秋果成熟从 8 月中旬开始，落叶在 11 月下旬。四川威远地区，3 月中旬开始萌芽，4 月上旬展叶，夏果 7 月上旬成熟，秋果 8 月中下旬成熟，12 月上旬落叶。天津地区，3 月下旬开始萌芽，4 月上旬展叶，秋果 7 月下旬成熟，11 月中旬落叶；浙江地区，3 月中下旬萌芽，4 月中下旬展叶，5 月初坐果，6 月底、7 月中旬、8 月中旬、9 月均有果实成熟。广东地区，3 月上中旬萌芽，3 月下旬展叶，6～7 月成熟，若设施栽培，从当年 5 月底可持续采收到 12 月中下旬。

# 第二章　无花果常见品种

## 第一节　品种分类

无花果的栽培品种在世界范围内超过 1 000 余种，其种质资源非常丰富，且分布极为广泛，可以按照不同的标准对其进行分类。

根据隐头花序中花的性别，将无花果分为 2 种类型，野生种和栽培种。野生种（Capri fig）无花果在功能上作为雄株，其花粉可用于斯米尔那型和原生型无花果的雌花授粉，果实不宜食用，主要为无花果小蜂的寄主；栽培种有雌花，具有单性结实的能力，进一步依据开花和受精的习性将栽培种分为普通型（Common fig）、斯米尔那型（Smyrna）和原生型（San Pedro）（表 2 - 1）。目前，约 75% 的无花果为普通型，18% 为斯米尔那型，7% 为原生型（高磊等，2021）。

表 2 - 1　根据开花和受精的习性分类

| 类　型 | | 特　　点 | 代表品种 |
| --- | --- | --- | --- |
| 野生种 | | 栽培类型的原始种，其花托内生有 1 种疣吻沙蚕属的小幼虫形成的虫瘿花，依靠其成虫传播花粉才可结果 | C47（Roeding）A813（Stanford）A42（Panachee） |
| 栽培种 | 普通型 | 第 1 批果或有或无，第 2 批果可以不经过受精而成熟 | 金傲芬、波姬红、布兰瑞克、麦氏衣陶芬 |
| | 斯米尔那型 | 通常没有第 1 批果，但是第 2 批果受精后才能成熟 | 卡利亚那 |
| | 原生型 | 第 1 批果可以不经过受精而成熟，但是第 2 批果受精后才能成熟 | 白圣比罗、A56（King） |

根据果实成熟时期，无花果分为夏果专用种、夏秋果兼用种和秋果专用种（表 2 - 2）。

表 2-2　根据果实成熟时期分类

| 类　型 | 特　点 | 代表品种 |
| --- | --- | --- |
| 夏果专用种 | 夏果能成熟，但秋果在发育过程中全部脱落 | 白圣比罗、紫陶芬、乌兹别克黄、卵圆黄 |
| 夏秋果兼用种 | 夏果着生较少，但能成熟；秋果着生多，易丰产 | 棕色土耳其、加州黑、丰产黄、新疆早黄 |
| 秋果专用种 | 夏果少，秋果着生多的品种 | 蓬莱柿、金傲芬、波姬红 |

根据果皮和果肉的颜色可分为绿色品种、红或紫红色品种、黄色品种、黑色品种、花皮品种，实际上，果肉的颜色多是黄色或几乎白色到深紫色（表 2-3）。

表 2-3　根据果皮和果肉颜色分类

| 类　型 | 特　点 | 代表品种 |
| --- | --- | --- |
| 绿色品种 | 果皮绿色，果肉有红有绿 | 青皮、绿抗 1 号、B110 |
| 红或紫红色品种 | 果皮红色，果肉有红有黄 | 麦氏衣陶芬、蓬莱柿、波姬红、红颜 |
| 黄色品种 | 果皮和果肉均黄色 | 丰产黄、布兰瑞克、金傲芬、B1011、A134、新疆早黄 |
| 黑色品种 | 果皮黑色 | 棒约翰 |
| 花皮品种 | 果皮纵向着色条状深浅相间 | 青花、A42（华丽） |

美国 NCGR-Davis 种质资源库列出已知的无花果栽培种 686 个。其中普通型无花果 468 个（最多），斯米尔那型为 122 个，原生型有 96 个。目前，很多国家都建有无花果种质资源圃，其中收集最多的是意大利，保存 442 份资源，土耳其收集了 392 份，土库曼斯坦、法国、乌克兰、葡萄牙、美国、希腊等都保存 100 余份资源（刘庆帅等，2021）。我国在资源收集和保存方面比较落后，没有国家级无花果种质资源圃，仅在部分开展无花果研究的高校、科研院所保存了少数的品种资源。近几年，一些企业开始每年从国外引进无花果品种。我国无花果品种也有 1 000 多个，但目前具一定规模的作为主栽品种、商品果交易的不足 10 个，采摘园品种有几十至几百个。

生产中的品种配置，以鲜果上市为主的，应选择果型大、品质较好、较耐储运的品种，如麦氏衣陶芬、金傲芬、青皮等；以加工利用为主的，应选择大小适中、色泽较淡、可溶性固形物含量高的品种，如布兰瑞克、芭老奈等。并考虑鲜食品种与加工利用品种相结合，各占适当比例。

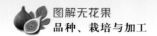

# 第二节　国外引进品种

## 一、国外引进主栽品种

### 1. 麦氏衣陶芬

英文名称 Masui Dauphine，生产中也称麦斯仪陶芬、玛斯义陶芬，原产于美国加利福尼亚州，1909 年引入日本，20 世纪 80 年代初由浙江省农业科学院园艺研究所专家从日本引入中国。鲜食，夏秋果兼用，以秋果为主。

生长势中庸，树姿开张，枝条软而分枝多，枝梢先端易下垂。叶片稍大，掌状，5 裂，适宜架式栽培。抗寒性差，在 −7.2℃ 以下时，会造成全株冻枯死亡。适宜长江以南地区或设施栽培。丰产、耐修剪。始结果位第 1 节，多数自第 3 节位开始着果，依次向上，每节 1 果。每 667 m² 产量 3 500～5 000 kg。丰产性很好（图 2-1）。

图 2-1　麦氏衣陶芬

果皮紫红色，果棱明显；果实长卵圆形，果形指数 1.35 左右，单果重 100～150 g，果皮薄而韧，果目较大，开裂；果点大，果实成熟期遇雨易裂口；果肉红色，肉质粗而松脆，可溶性固形物含量 17.1%，品质中等偏上。较耐运输。

秋果 8～10 月成熟，避雨棚可延长采收至 12 月。

**2. 金傲芬**

代号 A212，1998 年山东省林业科学研究院由美国加利福尼亚州引入我国，已在山东、河北、四川等地引种栽培。夏、秋果兼用品种，以秋果为主。鲜食为主，也可用于加工果干。

树势较旺，枝条粗壮，分枝少，年生长量 2.3～2.9 m，树皮灰褐色，光滑。叶片较大，掌状 5 裂，叶缘锯齿状。较耐寒，可采用丛状形、一字形或多主枝自然开心形等树型。极丰产，根系发达，较耐干旱，较耐寒。适应性强、苗木繁育容易，可当年结果，2 年生单株最高产量达 9 kg 以上（图 2-2）。

图 2-2 金傲芬

果皮黄色，有光泽，似涂蜡质；果卵圆形，果颈分明，果目微开；果实个大，单果重 70～110 g；果肉色淡，致密，可溶性固形物含量为 18%～20%，

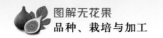
味浓甜，完全成熟软糯流蜜，鲜食风味极佳。当果皮变薄、颜色变浅黄、有光亮、果肉较软时，即可采摘。

成熟期在7月至10月下旬。山东嘉祥地区3月18日至4月12日萌芽，3月26日至4月16日展叶、新梢开始旺长，夏果3月21日至4月14日现果，成熟期7月18日，果实发育期64 d；秋果6月1日现果，8月上旬成熟，果实发育期62 d；11月初落叶。

**3. 芭老奈**

英文名称Banane，又称大芭，夏秋果兼用品种，鲜食。果皮红褐色，果肉浅红色，原产法国。

始果节位低，一般在第2～3节，叶片深绿色，掌状7裂，树姿直立，树势旺。早果性强，丰产性强。扦插育苗当年即可结果成熟。较耐寒。

黄绿色；随昼夜温差的增大，甜度增加，果皮色变深。秋果长卵圆形，果柄端稍细，果形指数约1.3，中等大，单果重40～110 g；果目微开，果肋可见，果顶部略平，果肉颜色浅红，较致密，空隙小。果肉可溶性固形物含量18%，完熟果可达20%，肉质为黏质、甜味浓、糯性强，有丰富的焦糖香味。鲜食味道浓郁，风味极佳，品质极优；不耐储运；适宜采摘。九成熟果加工成休闲果干非常受欢迎（图2-3）。

图2-3 芭老奈

夏果6月底成熟；秋果6月5日前后开始现果，8月2日开始成熟，发育期约58 d。

**4. 青皮**

又称威海青皮，原产我国山东。适宜鲜食。夏秋果兼用品种。

树姿较开张，树势旺盛，发枝能力极强，叶大、厚而绿，光合作用强。果枝节间短，结果紧凑。始果节位在第2～3节，抗病力强，耐盐性强，耐寒。平均单果重34.4 g，果实卵圆形，果形指数0.94，果肋明显，果柄短。果皮黄绿，果面平滑不开裂。果目小，开张。果肉淡紫色，汁多味浓甜，可溶性固形物含量17.7%～23%（图2-4）。对青皮无花果的质量要求可参照山东省地方标准DB 37/T 3499—2019。

图2-4 青 皮

栽培中注意控制旺长，重点防治炭疽病。

5. 丰产黄

英文名称 Fencahn，又名卡独太，源于意大利阿布鲁佐区，被称作 Dottato，夏秋果兼用种。主要用于鲜食、加工制干、糖渍和罐藏。

树势中强，较耐寒，冬季顶芽绿色。叶片较大，掌状3～5裂，下部裂刻浅，叶背绒毛中等，叶色深绿。较耐寒，冬季顶芽绿色。树体较耐修剪，重剪可促进生长和结果。既适合规模生产也适合阳台盆栽（图2-5）。

图2-5 丰产黄（叶片图由马锞提供）

果实中至偏小，卵圆形。单果重 40～100 g，果皮黄绿色泛浅红褐色，有光泽，果柄短，果肉致密，浅草莓色或琥珀色，味浓甜，品质优。果目小或部分关闭，减少了昆虫侵染和酸败。果皮较厚而有韧性，易于储运。丰产稳产。耐修剪。

**6. 加州黑**

英文名称 Califorhia Black Mission，又名黑色使命，原产西班牙，1998 年山东省林业科学研究院由美国加利福尼亚引入，是美国商品生产的主要栽培品种之一。果实夏秋兼用型，是整果制干、制酱和制果汁的优良品种。

其树体高大，生长健旺，大枝分枝处易萌生粗壮的下垂枝，应及时剪除，以利于通风透光，促进结实（图 2-6）。

图 2-6　加州黑

夏果个大，单果重 50～60 g，长卵圆形。果皮紫黑色，果肉浅草莓色，品质上等。秋果数量多，个头中等，卵圆形，单果重 35～45 g，果颈不明显，果柄短，果目小而闭合。果皮近黑色，果肉致密，琥珀色或浅草莓色，果熟期 8 月中旬至 9 月中旬，极丰产。

适合加工成无花果巧克力。

### 7. 波姬红

英文名称 Bpjihon，代号 A132，原产美国得克萨斯州，1998 年由山东省林业科学研究院引入我国，已在山东、河北、四川和河南等地引种栽培。为鲜食大果型红色无花果优良品种。系夏秋果兼用，但以秋果为主的品种。

该品种树势中庸，树姿开张，分枝力强。新梢生长量可达 2.5 m，枝粗 2.3 cm，节间长 5.1 cm。叶片较大，多为掌状 5 裂，叶缘为不规则波状锯齿形。始果节位为第 2～3 节，该品种耐寒、耐盐碱性。宜采用 Y 形、一字形或杯形等树型。极丰产（图 2-7）。

图 2-7　波姬红

果皮鲜艳，为条状褐红或紫红色，果肋较明显，果柄短，果实长卵圆或长圆锥形，秋果平均果重 60～90 g，最大果重 110 g 以上；果肉微中空，为浅红或红色，可溶性固形物含量 16%～20%，汁多，味甜，品质佳，较耐储藏。果肉微变软，果皮颜色初见紫色时采摘最佳。但果实中空，果肉稍显粗糙，籽感明显。

山东嘉祥地区成熟期为 7 月下旬至 10 月下旬。

**8. 日本紫果**

英文名称 Violette Solise，原产法国普罗旺斯，1997 年由日本福岛地区引入我国，果实夏秋兼用，以秋果为主。加工兼用优良品种。属于小果品种。

树势强旺，分枝力强，叶片大而厚，始果节位为第 3～4 节或枝干基部，结果性能一般。抗寒性强，耐旱耐涝。

果实球形，平均在 50～60 g，成熟时果皮亮紫色，很漂亮，果肉鲜艳红色、致密、汁多、酸甜适宜，富含微量元素硒，可溶性固形物含量 18%～23%，较耐储运，品质上，为鲜食加工兼用优良品种（图 2-8）。

图 2-8 日本紫果

果熟期 8 月下旬至 10 月下旬，属于晚熟品种。

**9. 布兰瑞克**

英文名称 Branswick，原产法国，属于加工型品种。果实夏秋两季均能结果，但以秋果为主。

树势中庸，果顶不开裂，裂片窄条形；丰产性好，耐寒耐盐，是目前无花果中最抗寒的品种。叶片深绿色，掌状 7 裂，树姿半直立。始果节位在第 2～3 节。

夏果 80 g，秋果 40～60 g。成熟时，果基部黄绿色，顶部浅红色，果肉红褐色，果实中等大，可溶性固形物含量 18% 以上，具芳香味，风味甘甜品质佳；成熟果易出现细纹开裂。但果形不正，多为稍偏一方的长卵形果。果实基部与顶部的成熟度欠一致（图 2-9）。

图 2-9　布兰瑞克

夏果一般在 7 月上旬采收，秋果在 8 月中旬至 10 月下旬采收，连续结果能力强。

**10. B110**

B110 又称绿早、加州金、中农红，原产美国加利福尼亚州，1998 年，由山东省林业科学研究院引入。夏秋果兼用品种。

树势中庸，分支较少，树冠开张，叶片掌状，4～5 裂，叶柄长 6～10 cm，叶色浓绿，叶痕肾形。始果节位为第 1～5 节。丰产性强，较耐寒。

果实长卵圆形，个头大，夏果单果重 90 g，秋果单果重 45～60 g。果目小，果皮黄绿或浅绿色，果肉红色，汁多味甜，可溶性固形物 18%～22%，品质极佳，为鲜食和加工兼用种（图 2-10）。

图 2 - 10    B110

### 11. B1011

B1011 又称中农矮生，1998 年引自美国加利福尼亚，夏秋果兼用种。树势中庸，始结果位第 1 节，多数自第 3～4 节位开始结果，每节 1 果。丰产性好，结果能力强，有一节双果现象。连续结果能力强，成熟期短，秋果成熟期较青皮早，可用于抢占鲜果供应市场进行适量发展。

抗寒性中等。果实长圆形，熟时果皮黄绿色，有光泽，果肋明显，单果重 70 g 左右。果肉粉红色，肉质细腻；糖度 17%～21%，外形美，品质佳，为鲜食加工兼用品种（图 2 - 11）。

图 2 - 11    B1011

### 12. 斯特拉

英文名称 Stlla，原产意大利，夏秋果兼用品种。

树势中庸。结果能力强，始果部位低，始果部位一般 2～4 节，基本每个枝节 1 个果。

秋果平均单果重 125 g，果皮绿色至黄绿色，果肉深红色，可溶性固形物含量 17%～20%，较致密，大多数梨形，鲜食为主。果蜜多，果肉细腻，味香甜，无青味（图 2-12）。

图 2-12　斯特拉

在安徽地区，7 月 15 日上市至 11 月结束，现蕾到成熟 60 d 左右，每 667 m² 产量 1 750～3 500 kg。优点：口感细腻、糖度高、皮厚耐储运，是南方潮湿多雨地区难得的防裂果的优良品种。缺点：不耐重剪，不适合平茬。

### 13. 紫色波尔多

紫色波尔多果实偏小、紫黑色，果肉紫红色，风味佳，原产西班牙。叶片 5 深长细裂或无裂叶。叶片无托叶，叶底部钝角。类似加州黑，但比加州黑强壮，果比加州黑小。耐高湿和高温，不易裂果，不抗寒，在浙江表现丰产耐涝，北方需保护地栽培（图 2-13）。

图 2-13　紫色波尔多

### 14. 华丽

代号 A42，1998 年引自美国加利福尼亚州，观赏用品种。1998 年，山东省林业科学研究院由美国加利福尼亚州引入。

树势中庸，一年生枝金黄色，少有绿色纵条纹。分枝力强，节间短。叶片卵圆形，掌状半裂，黄绿色。适应性强，较耐寒，易繁殖。

果实卵圆形，果颈短，果顶平坦，果目绿色，平均 2.8 cm×3.6 cm，果皮自现果至成熟，呈黄绿两色条状相间，外形非常美观。果肉鲜红色，果实极耐储运（图 2-14）。

图 2-14　华丽

### 15. 法国索莱斯

英文名称 Figuier violette de Solliès，是欧洲唯一获得最高食品标准 AOC 认证的无花果品种。

树势健旺，分枝力强，芽苞深紫色，一年生枝条基部灰绿色，上部绿色，多年生枝条青灰色。

果皮紫黑色，着色均匀，果肉鲜艳红色、致密、汁多、甜酸适度，具有西瓜的清香，可溶性固形物含量 18%～23%，果实水滴形或圆球形，果目小或完全封闭，不易开裂，果肉饱满不空心。储藏性较麦氏衣陶芬、青皮好（图 2-15）。

图 2-15　法国索莱斯

较耐储运，品质好，为鲜食、加工兼用型优良品种。中晚熟品种，7 月初成熟，果实成熟期长于普通品种约 1/3 时间，能累积更多营养。

**16. 亚得里亚海**

亚得里亚海又称白亚德里亚，该品种原产意大利，1999 年，山东省林业科学研究院由美国加利福尼亚引入我国。夏秋果兼用型，以秋果为主。夏果很少产生，秋果产量很高，是美国制干、制酱主要栽培品种（图 2-16）。

图 2-16 亚得里亚海

该品种萌芽较早，易遭受早春霜冻危害，但仍然能形成新的生长量，可维持较高产量。果实小到中等，果皮黄绿色，果肉浅草莓色，丰产，是加工制干专用良种。果熟期 8 月下旬至 10 月下旬。

**17. 亚当**

果实卵圆形，果实中等大，果皮紫红色，果肉红色，单果重 40 g，叶片巨大，口感浓甜。丰产性一般、生长性强、抗寒性中、耐热性中、晚熟。果期 7 月或 10 月。每 667 m² 产量在 2 500 kg 以上（图 2-17）。

图 2-17 亚 当

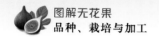
## 二、国外引进其他品种

我国从美国、英国、西班牙等国也引进了一些具特色的无花果品种，这些品种还在国内区试观察中。为方便各地引种试验，现提供国外引进品种名称对照（表2-4）和部分照片供大家参考（图2-18～图2-20）。

表2-4　国外引进品种名称对照

| 序　号 | 国内品种名 | 原　名 |
|---|---|---|
| 1 | 意大利258 | Italian 258 |
| 2 | 黑卡龙 | Black Caronong |
| 3 | 布白（美） | Brooklyn White |
| 4 | 索科罗 | Socorro Black |
| 5 | PR | Paratjal Rimada |
| 6 | 杜鲁 | DuLu |
| 7 | CDDC | Coll de dame C |
| 8 | CDDB－N | Coll de dame blanco－nore |
| 9 | 比尔（美） | Beall |
| 10 | 红山 | Coll de dame roja |
| 11 | 捷克黑 | Czeach Balck |
| 12 | MOTO | Morto Preto |
| 13 | 达尔 | Dall Doss |
| 14 | LSU西莱 | LSU Celeste |
| 15 | 改进蔚 | Mejorar Celeste |
| 16 | 玛丽巷 | MARY Lane |
| 17 | 马鹰 | Maltese Falcon |
| 18 | 黑热 | Genovesner |
| 19 | 黑山 | Coll de dame black |
| 20 | CDDT | Coll de damet |
| 21 | 卡独太 | Katait |
| 22 | 斯格特黑 | Iso Scott black |
| 23 | 灰山 | Coll de dame gris |
| 24 | 花山 | Coll de dame rimada |
| 25 | 路易斯金 | LSE Gold |
| 26 | LBB | |
| 27 | 萨拉姆 | Black Salam |
| 28 | 棒约翰 | Papa John |

（续）

| 序　号 | 国内品种名 | 原　名 |
|:---:|:---:|:---:|
| 29 | 黑果王 | Black King |
| 30 | 加州金 | California Gold |
| 31 | 哈代 | Hardy Chicago |
| 32 | 路易斯杰克 | LSU Jack |
| 33 | 长黄 | Long Neck yellow |
| 34 | MR | Martinenca rimade |
| 35 | 布兰卡（白） | Blanca |
| 36 | UCR187－25 | |
| 37 | 黑使 | Black mission |
| 38 | 小黄 | little yellow |
| 39 | 老虎 | LSU Tiger |
| 40 | BBR | Bordissot Blanca Rimada |
| 41 | 奥红 | Osborne Red |
| 42 | 花叶老虎 | Jolly Tiger |
| 43 | 沙拉 | Black ischina |
| 44 | BNR | Bordissot Negra Rimada |
| 45 | 圆波 | Ronda Violette du Bordeaux |
| 46 | 德拉 4P | De La 4P |
| 47 | 瑞纳 4LL | Rena 4LL |
| 48 | 布里亚索特白 | Borassot |
| 49 | 路易十四 | LOUIS14 |
| 50 | AC | Albacor Comuna |
| 51 | 白山 | Coll de Dame White |
| 52 | 蓝巨人 | Blue Giant |
| 53 | 卡独大 | Kodota |
| 54 | 小波 | Violett du Bordeaux |
| 55 | 尼绿 | NORE 600 |
| 56 | 西莱斯特 | Celeste |
| 57 | 布拉瓦 | Blava |
| 58 | 路易斯 DC | LSU DC |
| 59 | 白马 | White Madeira |
| 60 | 考黑 | Tres Collites Negre |
| 61 | 佛来德 | Flander |
| 62 | 草莓 | Ucr184－15（Strawberry Teararop） |

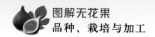

（续）

| 序　号 | 国内品种名 | 原　名 |
|---|---|---|
| 63 | 乌克兰黑 | Ukraine Black |
| 64 | 安黑 | Lsu Late Black |
| 65 | 黑马赛 | Marseilles Black |
| 66 | 佩利 | Pelicino |
| 67 | 提娜 | Tena |
| 68 | 灰图 | Grijio |
| 69 | 黄色奇迹 | Yellow Wonder |
| 70 | 德拉女王 | De LA Senyora |
| 71 | 黑帝王 | Black Imperator |
| 72 | ST 马丁 | ST Martin |
| 73 | 绿巨人 | Green Giant |
| 74 | 黑马德拉 | Black Madeira |
| 75 | 马托斯 | Martos |
| 76 | 艾斯福 | Lsabelita |
| 77 | 表格 | Excel |
| 78 | 意大利 215 | Italian 215 |
| 79 | 短芽黑 | Capoll Curt Negra |
| 80 | MR 马丁内卡 | Martinenca Rimada |
| 81 | 金桃 | Fico Pesca Dora |
| 82 | 库拉黑 | Roura Black |
| 83 | 黑色伯利恒 | Black Bethlehem |
| 84 | 德拉格洛里亚 | De La Clora |
| 85 | UCR160－50 | |
| 86 | 加利西亚黑 | Galicia Negra |
| 87 | 加尼西亚白 | Garnsey White |
| 88 | 珍尼斯无核 | Jaice Seedless |
| 89 | 叙利亚蜂蜜 | Strian Honey |
| 90 | 意大利 376 | |
| 91 | 长柄黄 | Yellow Long Neck |
| 92 | 黑白山 | Coll de dame blanc－alack |
| 93 | 城市山 | Coll de dame ciutat |
| 94 | 双色山 | Coll de dame mutant color |

（续）

| 序 号 | 国内品种名 | 原 名 |
|---|---|---|
| 95 | 史密斯 | Smith |
| 96 | 布鲁克林白 | Brooklyn White |
| 97 | 贝贝拉布兰卡 | Bebers Branca |
| 98 | 维多利亚 | Victoria |
| 99 | 草莓维尔特 | Strawberry Verte |
| 100 | 安金 | LSU Gold |
| 101 | 安紫 | LSU Purple |
| 102 | 香槟 | LSU Champagne |
| 103 | BB | Bordissot Blanca＝negra |

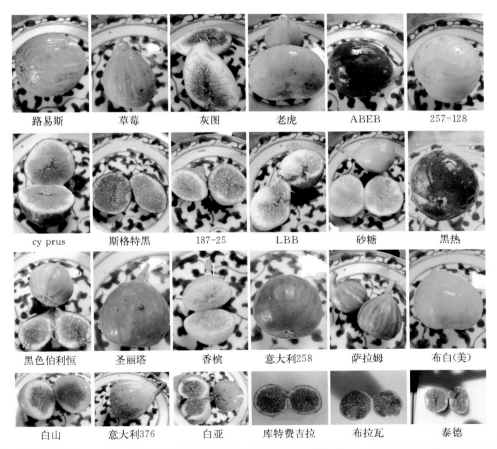

图2-18 部分国外引进无花果果实照片

图 2-19　部分国外引进无花果叶片、果实照片

白骑士

萨拉米

弗拉

if

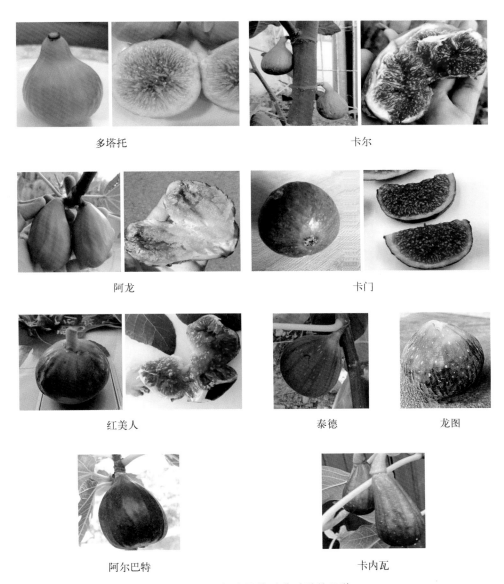

多塔托　　　　　　　　　　卡尔

阿龙　　　　　　　　　　卡门

红美人　　　　　　　泰德　　　　　　龙图

阿尔巴特　　　　　　　　卡内瓦

图 2-20　部分国外引进耐重剪品种

# 第三节　我国自主育成品种

无花果育种的主要目标包括优质高产、抗病虫害、适应环境能力强、坐果期长、自花结实能力强。目前，无花果育种常见的方法包括杂交育种、芽变选种、诱变育种、分子标记辅助选择育种。无花果的人工杂交种最早始于 20 世纪，主要在美国和苏联进行。芽变选种是获得无花果新品种的重要途径之一。国外红色果皮的卡独太新品种就是通过芽变选种从黄色品种卡独太中获得的，国内紫色果皮的紫宝新品种是从我国无花果的主栽品种青皮中获得的芽变品种。诱变育种和分子标记辅助选择育种的利用相对较少。

芽变是植物体细胞突变的形式之一，主要为芽分生组织细胞中的遗传物质发生改变，由这些突变细胞所形成的变异个体或枝系，称为芽变。芽变育种是果树育种的重要方式，因其选育时间短、效果好、简便、实用性强等优势特点，一直是果树品种选育的重要途径。但芽变源于芽端体细胞突变，与原品种相比，通常只存在个别基因的差异，所以芽变常限于个别基因的表型效应。因此，芽变品种最适于现有品种的完善，而不能获得全新的品种。果树芽变育种在植株性状（植株生长类型和植株抗性）和果实性状（色泽、成熟期和果实大小）方面取得了显著成效。

### 1. 紫宝（青紫）

英文名称 Zibao，青皮芽变。普通型无花果品种，以秋果为主。2000 年发现于山东威海荣成市港西镇北港西村山坡地的一株 6 年生的青皮无花果树上。由中国农业大学马会勤、张文团队与山东威海的夏雨涵、张晓雷共同选育，2015 年 12 月获得国家林业局植物新品种授权（徐翔宇等，2016）。

主干栎色，不光滑，树姿为半直立，冠型为分支型，树势中等。一年生枝条黄褐色，多年生枝条深褐色，一年生休眠枝茸毛多。新梢浅绿色，节间平均长度为 4.2 cm，顶芽为绿色。叶片大，叶面呈抱合状，两面粗糙，色深亮绿，3 裂或 5 裂，多掌状，基部心形，叶缘波状锯齿形。平均叶长 21.4 cm，叶宽 18.9 cm（图 2-21）。

图2-21 紫宝（结果树和单果图片引自徐翔宇等，2016）

果实大小基本一致，平均单果质量33.4 g，果皮紫色，片状着色，着色度深，含有少量蜡质和皮孔，多果粉，平均果皮厚度为2.1 mm。果肉为深红色，瘦果数量适中，肉质松软，果汁量适中，平均果实酸含量为0.34％，可溶性固形物约18.5％。成熟时间为8月20日至10月底。

2. 青花

青皮芽变。叶片较大，5裂，光合作用较强，节间较短，果实着生密挤，丰产性极强，1节1果。

果实表皮细嫩，有黄绿相间美丽条纹，单果重50～90 g，果实发育期80～100 d，果肉含可溶性固形物约25％。果实近球形，整个生长期至成熟期果皮呈黄绿条纹，果肉红色，肉质细腻无渣，口感甜糯（图2-22）。

图2-22 青花

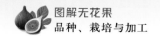
3. 彩毅

丰产黄芽变，普通型无花果品种。2014 年被发现于广东佛山西樵镇的一株 3 年生的丰产黄无花果树上。由东莞市农业科学研究中心与广东佛山的郑武林共同选育，2020 年 7 月被农业农村部授予植物新品种权（品种权号：CNA20184208.8）。

果实卵圆形，平均单果质量 37.9 g，幼果果皮黄绿条纹相间，成熟果实果皮黄、绿、粉红条纹相间。果肉为褐黄色，肉质松软，果汁量适中，可溶性固形物含量约 18.4%，可滴定酸含量约 1.95 g/kg。产量与同等栽培条件下的丰产黄无明显差异。在珠江三角洲地区，当年 3 月种植，9 月开始成熟。多年生植株 1 月修剪，2 月下旬发芽，4 月初显果，采收期从 6 月中下旬持续到 12 月中旬。

果实卵圆形，单果重 30～70 g，果肉致密，琥珀色，味浓甜，品质优良。幼果果皮黄绿条纹相间，成熟果皮黄绿、粉红条纹相间（图 2-23）。

图 2-23　彩毅（马锞供图）

在广东的成熟时间为 6 月上旬至 12 月上旬。

4. 甜城红

甜城红由威远县无花果核桃科研所所长李金平联合中国农业大学马会勤教授等以从以色列引进的 108B 无花果枝条为材料，采用 $^{60}$Co-γ 辐射诱变选育而成。2021 年，通过四川省非主要农作物品种认定委员会认定（川认果 2021007）。

果实倒卵形、果孔小，果实较大、单果重 70 g 左右，果实黄绿色、皮薄、易剥皮、空腔小，果肉紫红色、成熟度一致、味甜、汁中等，可溶性固形物含量约 15.6%（图 2-24）。

田间实测 3 年生扦插苗单株果实 200 个左右，折合 14 kg/株。果实成熟早，采收期从 7 月初持续到 10 月初，较耐储运。

图 2-24　甜城红（李金平供图）

5. 红颜

红颜是由浙江省农业科学院吴江、金明祥等自主育成的品种，金傲芬红色芽变，鲜食。夏、秋果兼用品种，以秋果为主。

果卵圆形，果颈分明，果目微开；果实个大，单果平均 70～110 g，果皮艳红色，有光泽，似涂蜡质；果肉淡，致密，可溶性固形物含量为 18%～20%，味浓甜，完全成熟时软糯流蜜，鲜食风味极佳，极丰产，较耐寒。产量高，7 月中旬至 11 月成熟，产量稳定（图 2-25）。

图2-25 红 颜

### 6. 绿抗1号

绿抗1号原产中国江苏，夏秋果兼用，以秋果为主。鲜食加工均可，可制果脯、蜜饯、果酱、饮料。

本品种果大、优质、耐盐力极强，可在含盐量为0.4％的土壤中正常生长结果，耐寒性中等，为海涂盐碱地区首选品种。

秋果呈短倒圆锥形，较大，果成熟时色泽浅绿，果顶不开裂，但在果肩部有裂纹；果实中空，果肉紫红色，可溶性固形物16％以上，风味浓甜。品质上等（图2-26）。

图 2 - 26　绿抗 1 号

**7. 新疆早黄**

新疆早黄又称黄蟠，新疆南部阿图什特有品种，维语称"其里干安俊尔"，即早熟无花果。为夏秋果兼用品种。鲜食加工均佳。树势旺，树姿开张，萌枝率高，枝粗壮，尤以夏梢更胜。

秋果扁圆形，单果重 50～70 g；果成熟时黄色、果顶不开裂；果肉草莓红色；可溶性固形物含量 15％～17％，甚至更高，风味浓甜。该品种果中大，品质好，丰产。在原产地新疆阿图什夏果 7 月上旬始熟，秋果 8 月中下旬始熟（图 2 - 27）。

图 2 - 27　新疆早黄（穆博正供图）

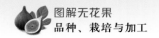

**8. 丝路红玉**

丝路红玉由杨凌职业技术学院、陕西丝路无花果科技研究院有限公司、杨凌菲格无花果产业发展有限公司合作，从美国得克萨斯州无花果材料 A132 中经引种选育而来的无性系品种。

树势较强，成枝力强，平均株产 11.9 kg。

果皮紫红色，果型长卵圆形，平均纵径 6.6 cm、横径 5.7 cm，单果重 97.2 g，果面紫红色，果肉浅红色，可食率 95.8％，口感甜糯（图 2 - 28）。在陕西省杨凌地区 7 月 10 日前后开始成熟。

图 2 - 28　丝路红玉（钱拴提供图）

**9. 丝路黄金**

丝路黄金由杨凌职业技术学院、陕西丝路无花果科技研究院有限公司、杨凌菲格无花果产业发展有限公司合作，从日本材料 Banane 中经引种选育而来的无性系品种。

树势较强，成枝力强，平均树高 3.2～3.7 m，平均株产 8.8 kg。

果皮浅黄褐色，果型长卵圆形，平均纵径 5.7 cm、横径 5.4 cm、单果重 65.9 g，果面浅黄褐色，果肉浅红色，可食率 95.8％，口感甜蜜（图 2 - 29）。

在陕西省杨凌地区 7 月 30 日前后开始成熟。

图 2‐29 丝路黄金（钱拴提供图）

# 第三章　无花果育苗技术

## 第一节　扦插育苗

　　无花果苗圃地设在土壤肥沃、排水良好和水源便利的地块上，以沙壤土和有机质含量高的土壤最为适宜。入冬前使用旋耕机机械整地（如果利用水稻田种植，在入冬前先翻一遍地，冻一冬天，再旋耕整地），每 667 m² 施复合肥（N：P：K＝15：15：15）60 kg 和饼肥、厩肥等有机肥做基肥，按南北行开沟，畦宽 2 m 左右，保证灌排条件。

　　无花果常用硬枝扦插育苗（图 3-1）。通常在秋季落叶后或早春树液流动前剪取插条，插条选生长健壮、组织充实的 1 年生枝或 2 年生枝，叶芽饱满，粗度在 1 cm 以上（一般北方要求 1.2 cm 以上，南方要求 0.8～1.2 cm）。使用切割机器长斜切，将插条切成长 15～20 cm 的小段，按照粗细分级，每 50 条捆成一束。春季采条可随采随插，秋季采条用沙藏法，选择背风向阳、排水良

采集枝条

切割枝条

育苗圃翻地

起垄

图 3-1　无花果扦插育苗（假植照片由钱明立提供）

好的地块挖沟，深度 50～70 cm，枝条打捆储藏。储藏过程要始终保持土壤湿度，防止插条风干或发霉腐烂。

露地扦插在 3 月上旬至 4 月上旬进行。将插条剪留 2～3 个芽，上剪口离

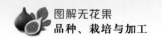

芽 1 cm 平剪，下剪口斜剪。插前用浓度为 100 mg/L 的 ABT 生根粉 1 号溶液浸泡 30 min；或用浓度为 50 mg/L 的萘乙酸浸泡 12 h，取出阴干后即可插入苗床（苗床可提前利用打洞机器打孔）。扦插时，上端芽眼露出地面 3～5 cm。插后把土压实。扦插行距为 25 cm，株距为 25 cm。

扦插后及时浇 1 次透水，结合浇水进行松土除草。4 月初，幼苗旺盛生长期适量追肥，每 667 m² 施用磷酸二铵 15～20 kg，亦可用 0.2%～0.5% 的尿素或磷酸二氢钾叶面喷肥，15 d 喷 1 次，共喷 3 次，追肥在 7 月底结束。秋季控制水肥，抑制生长，过旺苗木进行打叶，除去下部 1/3 叶片。于 12 月中旬起苗。

# 第二节　分蘖育苗

分蘖育苗又称压条繁殖，无花果压条繁殖主要有水平压条、曲枝压条和堆土压条 3 种方法，常用于宅旁少量栽培。无花果常用的压条繁殖跟普通花卉的压条繁殖一样，将靠近地面的枝条埋进土里，等土里枝条的结节处长出根苗后，截断枝条去除带根苗。

水平压条方法要求早春时对母树重剪，夏季为母树追肥，使其多发新枝梢，翌年春进行压条。压条前，以株丛向外挖放射性沟，将枝条引向纵沟，紧贴沟底，盖土，尖端露出土外。秋季落叶后，将新株与母株分离。曲枝压条方法是早春时，对母树松土施肥，挖好压条坑，将 1 年生枝弯向坑底，盖土，秋季落叶后将新株与母株分离。堆土压条与水平压条对母树的准备工作相同，当新梢基部半木质化时，将整个株丛基部用土培起来，厚 10 cm，以后每隔 20～30 d 培土 1 次。秋季落叶时，可将新株与母株分离。在冬季修剪时将靠近地面的枝条，包括不成熟枝与幼嫩枝压土，于翌年 6 月取其生根的压条；也可在 4 月中下旬进行低主干压条，在落叶后挖开土层，取其苗木；还可 5 月中下旬进行萌发新枝压条，7 月中旬切断枝条，使其脱离母体。

另外，高空压条是近年来无花果繁殖的新方法。

# 第三节　嫁接育苗

一般在生产中，无花果嫁接育苗利用较少（图 3-2），采用的砧木主要是青皮、布兰瑞克、波姬红等。无花果的嫁接方法有很多种，根据接口形式分为劈接、切腹接、套皮接、腹插接、单芽切接、交合接、方块芽接、插皮接、嵌芽接等，根据接穗的利用情况分为枝接和芽接。

嫁接砧木的繁殖一般采用扦插繁殖，不同砧木年龄对嫁接成活率影响不大，但砧龄对无花果的生长结果有显著影响，随着砧龄增大，生长量和结果量依次提高。嫁接后抗寒性排序为布兰瑞克、青皮、波姬红，波姬红嫁接的在－5 ℃地上部分受冻。美国品种嫁接成活 $60\%\sim80\%$，意大利、西班牙品种嫁接成活率 $90\%\sim100\%$。

图 3-2　无花果嫁接育苗

## 一、枝接法

采用劈接方法，单芽嫁接（图 3-3）。选取枝条木质化程度高、节间长度适中、芽眼饱满的 1 年生枝条做接穗，可选用沙藏备用枝或在春季随采、随用。砧木

图 3-3　无花果枝接法嫁接流程

植株的萌动期是嫁接的适宜时期。枝接一般采用 V 形贴接法或榫接法。接穗长度 4～5 cm，要有 1 个芽，把接穗基部削成 V 形，削面长度 1～1.5 cm，选取粗度与接穗相近或稍粗的砧木，在距地面 10～15 cm 处横截，并在断面向下切成相应的 V 形切口，切面长也为 1～1.5 cm，将接穗切口与砧木切口贴接，把形成层对准，吻合，然后将接口用塑料带包紧，芽外露，待愈合成活后，要及时解绑。

只要满足温度条件，一年中任何时间均可嫁接，除在生长季枝接外，在冬季休眠期也可以进行嫁接（图 3-4）。

图 3-4　冬季硬枝接硬枝

## 二、芽接法

采用芽接法（图 3-5），选择枝条中充实饱满的健壮芽作为接芽，芽片大小适宜，过小则与砧木接触面小，接后难以成活，过大则插入砧木切口容易折断造成接触不良，成活率低。可带少量木质部。嫁接时，先处理砧木，后削接芽，随采随接，避免接芽失水影响成活。采用 T 形芽接，在砧木切 T 形口，深度以见木质部为标准，能拨开树皮，将盾形带叶柄的接芽快速嵌入，然后将接口用塑料带包紧，芽外露。10 d 后检查成活情况。若芽片新鲜呈浅绿色，说明已经成活。

图3-5 无花果芽接法嫁接流程

嫁接时期：北方硬枝嫁接从11月至翌年5月底；嫩枝嫁接从5月至10月。

## 第四节 组织培养育苗

利用组织培养技术繁殖无花果能够在短时间内扩繁出大量的幼苗，为无花果繁育的工厂化生产奠定了基础。虽然组织培养技术在许多国家都已被广泛应用于果树繁殖中，但无花果的组培研究较少，大规模用于生产还有待进一步的探索和试验。

无花果组织培养，需要在合适的外界条件下，剥离无花果的部分分裂活性强的组织（常采用腋下的茎段）进行培养。无花果的组织培养条件要求极高，组织培养时需考虑光照、光质、光周期、温度、湿度、渗透压等理化条件。我国组织培养育苗起步较晚，有研究者利用无花果的叶腋芽、茎尖、茎段、顶芽、叶片等作为外植体，探索了适合无花果生长的组培条件。麦氏衣陶芬、波姬红、金傲芬等的组培体系在分离出茎段后，经过流水清洗、酒精浸泡、氯化钙消毒，最后用无菌水冲洗并且切段转移至培养基中进行培养。

## 第五节 苗木分级及运输

在苗木生长季节，对苗圃苗木的纯度进行全面检查，出圃前做好检疫工作。起苗时，按级别分别堆放，及时捆扎，挂上品种标签。无花果苗木分级标准见表3-1，盆栽无花果及嫁接苗运输销售见图3-6。

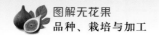
表 3-1　无花果苗木分级标准

| 项　　目 | | 等　　级 | | |
| --- | --- | --- | --- | --- |
| | | 一级 | 二级 | 三级 |
| 根（1年生） | 侧根数 | 6 条以上 | 5 条以上 | 3～4 条 |
| | 侧根长 | 20 cm 以上 | 15～20 cm | 15～20 cm |
| | 侧根基部粗度 | 0.2 cm 以上 | 不低于 0.2 cm | 不低于 0.2 cm |
| | 侧根分布 | 侧根分布均匀，不偏于一方，舒展，不卷曲，有较多侧根和须根 | 侧根分布均匀，舒展，不卷曲，有较多侧根和须根 | 舒展，不卷曲，有较多侧根和须根 |
| 茎（1年生） | 茎基部粗度 | 2 cm 以上 | 1.5 cm 以上 | 1 cm 以上 |
| | 芽眼数 | 6 个以上 | 5 个以上 | 4 个以上 |
| | 芽眼状态 | 健壮、饱满，无物理损伤、无冻伤 | 健壮，无物理损伤、无冻伤 | 健壮，无物理损伤、无冻伤 |
| | 茎高度 | 不低于 60 cm | 40～50 cm | 30～40 cm |
| 根皮与茎皮 | | 无干缩皱皮、无死皮、无烂皮 | | |
| 病虫害 | | 无国家质检部门规定的病虫害 | | |

注：侧根数即基部粗度 0.2 cm、长度 15 cm 以上的侧根数；侧根长即侧根基部至断根处的长度；茎粗即自根苗的茎粗，即测量 1 年生茎基部 5 cm 处节间的最大直径。

图 3-6　盆栽无花果及嫁接苗运输销售（嫁接苗修根蘸泥浆，保鲜膜封住）

# 第四章  无花果园的建立

## 第一节  环境要求

### 一、生态环境要求

无花果主要生长的地区在温带和热带，喜阳光充足、温暖湿润的环境，能耐旱，根系浅怕水涝，喜肥沃湿润的沙质土壤，以能保水保肥的壤土和沙壤土最为适宜，pH 7.1～7.5 最佳，但对其他土壤适应性也较强，能在重灰质土、酸性红壤及冲积黏土里正常生长，盐碱地等均可。无花果耐盐碱能力强，在含盐量 0.3%～0.4%的土壤中能正常生长，对土壤的适应范围较广。

无花果喜温、耐高温、不耐寒，适宜温暖湿润的海洋性气候。一般冬季温度降至−12 ℃～−10 ℃时，梢端受冻，−22 ℃～−20 ℃时，全株受冻。年平均气温>15 ℃、>5 ℃积温 4 800 ℃以上、年降水量 600～800 mm 的地区适宜无花果生长。适宜无花果栽培地区最暖月份的平均气温在 20 ℃以上，最冷月份的平均气温在 8 ℃以上，极端最低气温−20 ℃以上，无霜期 120 d 以上，年日照时数 2 000 h 以上。在浙江地区，无花果 3 月中下旬开始根系活动，4 月中上旬开始萌芽，夏果 4 月中旬开始形成，7 月上旬成熟，历时 70～80 d，≥10 ℃有效积温 2 300 ℃左右；秋果 5 月底开始出现，8 月上旬开始成熟时，经65～75 d，≥10 ℃有效积温 2 100～2 350 ℃。浙江年降水量大，超过适宜范围，建议避雨栽培。

无花果忌地现象十分明显，连作则新梢的生长长度、根系的发达程度均受抑制，而且叶片变小变薄，早实早落。为此，在原无花果园内，不能再种植无花果，有线虫危害的桑园、桃园地也不适宜。

阿图什的无花果之所以出名，与其适宜无花果生长和结实的特定环境有关。夏季炎热，冬季寒冷，气候干燥，日照时足，昼夜温差大，无霜期长。阿图什的夏季中午温度可高达 50～60 ℃，年降水量 78 mm，但是蒸发量高达3 218.2 mm；无霜期长达 240 d，全年日照时间在 2 745 h 以上。

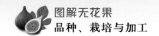

## 二、园地环境要求

平原、丘陵坡地、庭院均可种植，以平原区为主。宜选土层深厚肥沃、背风向阳、中性或微碱性土壤，具有良好排水灌溉条件的地方建园。绿色食品产地环境要求参照农业行业标准 NY/T 391—2021。

# 第二节　建园要求

选择土层深厚、肥沃、排水良好的沙质土或沙壤土种植为好，土层深度在 60 cm 以上的地块。排水设施沟深 50 cm，宽 20～30 cm，方便干活。定植前要平整园地，栽植时按所定株行距先挖穴，穴深 60 cm，直径60～80 cm，每穴施腐熟有机肥 25 kg、磷肥 2.5 kg，肥料与表土混合后填入穴底，栽后培土压实，浇足底水（图 4-1）。

图 4-1　无花果建园（何少波供图）

选择树干充实，根系完整，没有病虫害和机械伤害的苗木。以春栽为主，3 月上旬至 4 月上旬栽植。栽植后及时定干，高度 25～60 cm。根据品种、整形方式和土质条件确定栽植密度，普通密度为（1~3）m×（2~3）m。采摘园要宽行，至少 3 m，因为被无花果枝叶碰到会使采摘者皮肤过敏。南北行向。

# 第三节　设施类型

## 一、日光温室

可用半圆弧形骨架与墙体围合而成，一般温室高度要高于 3.0 m，宽度≥7.0 m，长度 80~100 m 为宜，前屋面地角≥70°，采光角度要合适，距离温室南边 1.0 m 处高度要≥1.8 m。棚膜以聚乙烯无滴长寿膜为宜，冬季棚面采用棉被保温，温室保温性要好。设施地块要求灌溉设施齐全、灌水方便、集中连片，以便管理、采摘和销售。

## 二、连栋促成

塑料大棚具有建造容易、结构简单、投资较少、有效栽培面积大、土地利用率高、作业方便等优点。大棚采用南北方向，大棚长度 60~80 m 为宜，跨度 8~10 m 为宜，大棚太短保温性能差，大棚太长采摘不方便。要配套建设遮阳、加温、通风降温和补光等设施（图 4-2）。

图 4-2　无花果连栋促成栽培

## 三、避雨小环棚

避雨棚薄膜应选择 3 丝的淡蓝色或者淡紫色薄膜，其有效光透过率最高，同时建议每年更换 1 次棚膜，否则随着时间的推移，污染物在棚膜上逐渐沉积，薄膜透光率会逐渐降低（图 4-3）。

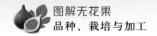

图 4-3　无花果避雨小环棚栽培

## 四、露天栽培

按垄宽 250～300 cm、沟深 40～50 cm 起垄作畦，形成深沟高垄。在种植畦中间隔 4 m 立 1 根水泥柱，在水泥柱高 80～90 cm 处与水泥柱垂直成 90°设置长 60 cm 镀锌钢管成第 1 道横梁，水泥柱第 1 道横梁上隔 60～70 cm 处设置长 80 cm 镀锌钢管成第 2 道横梁。横梁两侧各绑扎 2 道钢丝，成梯形架以绑枝（图 4-4）。

图 4-4　无花果露天栽培

## 五、盆栽

盆栽无花果的种植中（图4-5），选择内直径大于23 cm，高度大于20 cm的花盆，太小不利于苗木生长。初次上盆营养土用河沙、腐熟有机肥和腐叶土混合而成，以后每年春天换盆（盆径应大1号）时先用营养土填补后再浇1次透水，放在半阴处养护1周，然后转入正常管理。整个生长季节都应在阳光最强烈的地方；秋季落叶进入休眠期后，可放在低温弱光处。春秋两季5 d浇1次水，夏季3 d浇1次水，入冬前浇1次透水，在整个冬季一般不用浇水。

图4-5 无花果盆栽（罗小玉供图）

# 第四节 苗木定植

## 一、苗木选择

无花果栽植容易，有"得土即活，随地广植"之特点。要求选用品种纯正、地上部生长充实、没有病虫害、根系发达、须根多的一级苗木，要求株高

1 m 以上，枝梢充实，籽芽饱满，茎基部直径达 1.0 cm 及以上。

## 二、定植密度

无花果树多数属半乔木性落叶果树，栽植距离取决于种植目的、品种、土质肥瘦、土层深厚程度和整形修剪方法等。商品生产园如密度过大，则遮光严重、光照不足、产量少、果个小、品质降低、果实色泽差、人工采摘困难、通风差；如密度过小，则早期产量低，经济效益差。工厂、城市绿化栽植距离 5～7 m 为宜；成片种植为方便采果，栽植株行距一般为（0.6～3）m×（2.5～3）m，每 667 m² 70～440 株。

## 三、定植时期

苗木定植一般分秋植和春植两个时期。秋植适于气候温暖的地区，苗木经过较长时间的恢复，来年春季就能正常生长。气温较低的地区，以春季定植为宜，以防苗木受冻。一般 3 月中旬至 4 月上旬栽植为宜，此时气温回升，可避免早春低温冻害。

## 四、定植技术

栽植时按所定株行距先挖穴，穴深 20～40 cm，栽植前撒施磷肥（折合每 667 m² 75 kg），再覆一层表土，待种。地下水位高的地方，建议先每 667 m² 撒施有机肥 1 000～2 000 kg，用微耕机翻耕后堆土筑畦再定植，畦高 40 cm、畦宽 2.5～3 m。定植前将苗木在水中浸 1 d 左右，检查根系，如有损伤必须进行修剪，使伤口平滑。定植时将苗木的根系在坑中分布均匀，填土 1/2 深，轻提苗木，使根系与土壤密接，最后将定植穴填平，栽后培土压实，浇足底水，最后盖上 2～3 cm 的表土，以免土壤板结（图 4-6）。定植后当天必须浇透水，铺好滴管，盖上地膜保湿防草。

图 4-6 无花果定植

# 第五章 无花果栽培技术

## 第一节 整形修剪

### 一、整形修剪原则

无花果成枝力强，但根系浅，若树冠高大，则重心高，容易遭风害，且不便于采收。无花果选用合理的树体结构非常重要。目前，在我国主要采用丛状形、杯状形和开心形等整形修剪方法。根据无花果枝条的木质化程度选择合适的修剪工具，由于冬剪枝条木质化程度较高，需使用电动果树修剪机（图5-1）。

图5-1 修剪工具

## 二、常见树型

### 1. 丛状形

树冠比较矮小，无主干，呈丛生状态，树高控制在 2 m 左右（图 5-2）。幼树结果枝直接从基部抽生，成年树将上年的结果枝重剪后成为当年的结果母枝。结果枝均控制在低位。该树型修剪容易，适用于耐重修剪，发枝旺，枝梢生长量大，容易受冻害的品种。整形方法：栽植当年定干高 25 cm 左右，任其抽枝 3～5 条。第 2 年选留 2～3 条枝条重剪。第 3 年留 4～5 条形成主枝。第 4 年在主枝上均匀培养 10～15 个结果母枝。

图 5-2　无花果丛状形树型

以后每年的结果枝均控制在 30 条左右，就能达到稳产高产。

### 2. 杯状形

主干高度 30 cm 左右，树高控制在 2.5 m 以下。成形的树中部空，似杯状。一株留结果枝 30 个左右，结果母枝高度分布在 1～2 m 范围内。该树型整形修剪比较容易，成园较快，光照足，品质好。整形方法：定植当年留 40 cm 定干。从主干抽生的枝条中选 3 条分布均匀的作主枝。当枝条长到 30～50 cm 时摘心，促发二次枝，冬剪时留 6 条，枝条 30 cm 左右短截。以后按"一抽二"的比例扩展。一般经过两年的培育就能成型，达到 15 个左右的结果母枝。

### 3. 开心形

主干高度在 30 cm 左右，留 3～5 条主枝，树高控制在 2.5 m 以下（图 5-3）。这种树型结果母枝部位较低，树势容易控制，修剪较容易，树冠内通风透光较理想，果实着色好，适用于夏秋果兼用的品种，但不抗风。整形方法：苗木定干在 40 cm 左右，新梢抽生后留 3～5 条作主枝培养。冬季修剪时留 30 cm 左右短截。翌年在每个主枝下方配置 1 个副主枝，同时培育 2～3 条结果母枝。主枝继续延长，冬剪时留 50 cm 短截，其上交叉配置结果母枝。每年在结果母枝上均匀分布 30 个左右的结果枝。

根据山东省地方标准 DB37/T 2405，低干开心形的主干高度建议在 40～50 cm，主枝 3～5 个。在苗木栽植当年，留 40～50 cm 定干，选择方位角和生长势比较理想的 3～5 个分枝作为主枝培养，长至 40～60 cm 时重摘心，促发

图5-3 无花果开心形树型

4～6个二级主枝。第2年春对二级主枝选外侧饱满芽进行短截，促进短截枝萌发，以继续扩大树冠。3年以后每年对主枝延长枝进行短截，以促发健壮枝，并剪除过密枝、丛生枝、病虫枝、衰老枝和干枯枝等。当结果母枝衰老时，在基部留1～2个芽，回缩老枝，培养新的枝组。

**4. Y形**

定干高度50～60 cm，主干高40～50 cm，在主干以上培养2个主枝，主枝与行向成45°夹角。

**5. 一字形**

干高30 cm左右，抽梢后留两个梢沿行向水平用铁丝绑缚固定作主枝培养，在水平式主枝上培养结果母枝和结果枝。适于较低节位开始结果的品种（如B1011等品种）。整形方法：栽植当年春季定干30 cm左右，新梢长至15～20 cm时，选留2个总体上沿行向延伸的新梢做主枝培养，将其用竹竿或树枝进行固定，2枝尽量保持平衡。也可以在第1年冬季修剪时选留2个长势相似、角度与行向一致的梢拉成水平状固定作主枝培养，第2年用结果枝培养结果母枝（图5-4）。

栽后第1年冬一字形整形　　　　　　　　成年树一字形树型

图5-4　无花果一字形树型

## 三、常用修剪技术

### 1. 冬季修剪

无花果以冬季修剪为主，依品种、树势确定疏删或短截（图5-5）。

图5-5　耐重剪品种第1年至第4年冬剪

修剪时间：可在落叶后至早春发芽前进行。

修剪方法：①夏果专用种，夏果生长在上一年短枝先端部，节间短，枝条充实。修剪时从轻疏枝，不宜短截。以疏除为主，疏除细、密枝，过于伸长的老枝分几年回缩剪截。②秋果专用种，秋果长在当年生新梢（结果母枝）的叶腋间。采用疏枝和短截相结合的方法，控制生长量。多保留长度适度的健壮结果母枝，剪去生长势强或近于徒长的母枝的先端。③夏秋果兼用种，采用疏枝长放（夏果）、回缩短截（秋果）相结合。夏果要求树冠内部枝条短而充实，结果部位越靠近基部越好，此类枝条不短截，外围枝在 2～3 节短截。

**2. 生长季修剪**

生长季节内根据不同需要因地制宜选择修剪时间。春季抹芽，无花果潜伏芽多，易萌发，需及时抹芽；疏除萌蘖枝以减少养分消耗；根据树型选留，多余的抹去，如一字形的新梢间距 20 cm。夏季修剪以"疏密去杂，冠内通透"为原则，包括疏除侧枝、摘心、拉枝等幼树培养树型为主；结果树以提高透光率促进着色为主。新梢叶片生长至第 16 片叶要及时摘心，避免营养生长过剩。

修剪方法：夏果专用种，于 6～8 月对强势新梢留 25～30 cm 摘心；秋果专用种，当新梢长到适宜着生果数时摘心。

**3. 不同树龄的修剪**

幼树的修剪：从轻修剪，夏季对幼树生长旺的枝梢多摘心，延长枝留 50 cm 左右剪截。

初结果期树的修剪：冬季对骨干枝延长头短截，夏季加强摘心和短截，发芽后开始控梢，保证下部坐果品质。

盛果期树的修剪：控强枝、扶弱枝，着重强化结果母枝的生长势。

# 第二节 花果管理

## 一、保花保果

无花果在生长过程中会出现落果情况，严重影响效益。造成落果的原因如下。

**1. 土壤的酸碱度不适合**

无花果根系发达，适应能力比较强，但遇到酸性土壤，就会影响到根系活力，营养吸收不良，造成落果严重。当土壤偏酸时，需要用石灰或黄腐酸钾等来调节土壤的酸碱度。

**2. 水分管理跟不上**

无花果叶大而厚蒸发快，尤其在新梢迅速生长期和果实快速膨大期需水量大，如果干旱导致水分供应不上，会使得果肉变得粗糙，果实变小，产量和质量下降，严重的导致干缩脱落。

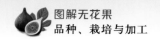

**3.** 病虫危害

霜疫病、线虫、天牛、螨类的危害均会造成无花果落果。

**4.** 施肥不科学

缺钙、缺氮、缺钾均会造成无花果落果。

## 二、促进成熟

**1.** 促进果实着色

当果皮由绿色转变为黄白色或赤褐色时，合理剪留结果枝数量，疏除密枝，摘去老叶留叶柄，改善树冠光照条件，使树体通风透光良好，促进着色。

**2.** 催熟

果实正常成熟前 15 d 左右（现果 60～70 d）。采用新鲜植物油，用毛笔蘸油涂点于果孔内或用注射器将植物油注入果孔，每次每个结果枝只处理其最下部的 1～2 个果；或乙烯利 200～400 mg/kg 喷雾处理。油处理只能处理果孔，乙烯利处理可以是果面的任何部位。油处理时，若果实发育天数不足不会造成太大危害；乙烯利过早处理幼果，会造成果实发育不良、品质下降甚至脱落。通过果实催熟，果实可提前 7～10 d 成熟。

# 第三节　土肥水管理

## 一、土壤处理

**1.** 土壤改良及地面管理

无花果根系要求土壤既要保水力强又不能积水、滞水，喜欢中性至微碱性土壤，对钙的需求量大（是氮素吸收量的 1.5 倍）。为此，无花果果园在定植前一般要进行土壤改良。

具体措施：在挖好的定植沟内填入有机肥（粪肥、秸秆、杂草和饼肥等）每 667 m² 4 000～5 000 kg，同时根据不同土壤的 pH 每 667 m² 施石灰 50～100 kg。表层土壤的管理包括清耕套种、生草和覆盖。一般在果园头 1～3 年，采取清耕和种植绿肥相结合，以加速园地的熟化。冬季种植紫云英、豌豆和蚕豆等，夏季种印尼绿豆、豇豆和花生等。种植绿肥必须增施肥料，以免与无花果争肥。3 年以上果园一般已成园，为便于管理，提高经济效益，以生草栽培为宜。生草栽培是指人为地控制杂草在果园内生长、死亡，以达到充分利用光能，增加有机质，减少水土流失，改变果园小气候的一种果园地面管理方法。具体操作：在早春进行一次除草清耕，促进地温上升，起到提早发芽的作用。

随后任其自然长草，草地水分蒸发量大，多雨季节可以降低土壤湿度，增加土壤通透性，有利于无花果根系生长。梅雨季节结束后喷 1 次除草剂，地面覆盖又可以减少水分蒸发，降低地温，提高果园的抗旱能力。待第 2 批杂草丛生后，一般在 9 月底或 10 月初进行第 2 次化学除草。除草剂的使用应严格按照规定的用量、方法和程序配制使用（图 5-6）。

图 5-6　无花果除草剂危害

**2. 深翻改土**

一般在秋季果实采收前后结合施基肥进行，距植株 50 cm 外进行土壤深翻，并结合施入基肥。果园深翻 80～100 cm，成年果园隔行深翻，幼年果园每行深翻。

**3. 中耕松土**

一般施肥、除草、浇水后需中耕 1 次，在杂草出苗期和结籽前结合除草进行中耕。

**4. 除草**

尽量人工除草或覆盖地布，不采用化学除草。

**5. 间作**

幼年果园可间作豆科植物，禁植藤蔓类和生长势很旺的植物。远离桑树。

## 二、生产常用投入品

参照国家标准《有机食品　生产、加工、标识与管理体系要求》（GB/T 19630—2019）中有关有机产品管理体系要求，使用有机植物生产中允许使用的土壤培肥和改良物质（表 5-1）。

表 5-1　有机植物生产中允许使用的土壤培肥和改良物质

| 类　　别 | 名称和组分 | 使用条件 |
| --- | --- | --- |
| 植物和动物来源 | 植物材料（秸秆、绿肥等） | |
| | 畜禽粪便及其堆肥（包括圈肥） | 经过堆制并充分腐熟 |
| | 畜禽粪便和植物材料的厌氧发酵产品（沼肥） | |

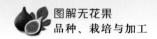
（续）

| 类　　别 | 名称和组分 | 使用条件 |
|---|---|---|
| 植物和动物来源 | 海草或海草产品 | 仅直接通过下列途径获得：<br>物理过程，包括脱水、冷冻和研磨；<br>用水或酸和/或碱溶液提取；<br>发酵 |
| | 木料、树皮、锯屑、刨花、木灰、木炭 | 来自采伐后未经化学处理的木材，地面覆盖或经过堆制 |
| | 腐殖酸类物质（天然腐殖酸如褐煤、风化褐煤等） | 天然来源，未经化学处理、未添加化学合成物质 |
| | 动物来源的副产品（血粉、肉粉、骨粉、蹄粉、角粉等） | 未添加禁用物质，经过充分腐熟和无害化处理 |
| | 鱼粉、虾蟹壳粉、皮毛、羽毛、毛发粉及其提取物 | 仅直接通过下列途径获得：<br>物理过程；<br>用水或酸和/或碱溶液提取；<br>发酵 |
| | 牛奶及乳制品 | |
| | 食用菌培养废料和蚯蚓培养基质 | 培养基的初始原料限于本表中的产品，经过堆制 |
| | 食品工业副产品 | 经过堆制或发酵处理 |
| | 草木灰 | 作为薪柴燃烧后的产品 |
| | 泥炭 | 不含合成添加剂，不应用于土壤改良；只允许作为盆栽基质使用 |
| | 饼粕 | 不能使用经化学方法加工的 |
| 矿物来源 | 磷矿石 | 天然来源，镉含量小于或等于 90 mg/kg 五氧化二磷 |
| | 钾矿粉 | 天然来源，未通过化学方法浓缩。氯含量少于 60% |
| | 硼砂 | 天然来源，未经化学处理、未添加化学合成物质 |
| | 微量元素 | 天然来源，未经化学处理，未添加化学合成物质 |
| | 镁矿粉 | 天然来源，未经化学处理，未添加化学合成物质 |
| | 硫黄 | 天然来源，未经化学处理，未添加化学合成物质 |
| | 石灰石、石膏和白垩 | 天然来源，未经化学处理，未添加化学合成物质 |
| | 黏土（如珍珠岩、蛭石等） | 天然来源，未经化学处理，未添加化学合成物质 |
| | 氯化钠 | 天然来源，未经化学处理，未添加化学合成物质 |
| | 石灰 | 仅用于茶园土壤 pH 调节 |

（续）

| 类　别 | 名称和组分 | 使用条件 |
|---|---|---|
| 矿物来源 | 窑灰 | 未经化学处理、未添加化学合成物质 |
| | 碳酸钙镁 | 天然来源、未经化学处理、未添加化学合成物质 |
| | 泻盐类 | 未经化学处理、未添加化学合成物质 |
| 微生物来源 | 可生物降解的微生物加工副产品，如酿酒和蒸馏酒行业的加工副产品 | 未添加化学合成物质 |
| | 微生物及微生物制剂 | 非转基因、未添加化学合成物质 |

## 三、关键施肥期

根据 DB32/T 1272 和 DB37/T 2405 的施肥建议，宜秋季施基肥，以营养均衡的堆肥、沤肥、沼气肥、绿肥、秸秆肥、饼肥等农家肥或商品有机肥为主，并与磷、钾肥混合使用，采用深 30～40 cm 的沟施方法。萌芽前追肥以氮、磷为主，果实膨大期和转色期追肥以磷、钾肥为主（表 5-2）。施肥量依据地力、树势和产量的不同，按照每产 100 kg 果每年需施纯氮（N）0.25～0.75 kg、磷（$P_2O_5$）0.25～0.75 kg、钾（$K_2O$）0.35～1.1 kg，平衡施肥。幼树每 667 $m^2$ 施有机肥 500～1 000 kg，成龄树每 667 $m^2$ 施有机肥 1 000～2 000 kg、尿素 30 kg、过磷酸钙 50 kg、硫酸钾 25 kg。基肥占总肥量的 60%，追肥占总肥量的 40%。绿色食品的肥料使用参照农业行业标准 NY/T 394。

表 5-2　无花果施肥时期及特点

| 种　类 | 时　期 | 要　点 |
|---|---|---|
| 基肥 | 秋末落叶后至初冬 | 腐熟的有机肥，混合少量复合肥 |
| 追肥 | 新梢生长前和果实膨大期 | 速效肥和复合肥，早春以氮肥为主，夏、秋季以施磷、钾肥为主 |

### 1. 基肥

一般在落叶后的 11 月下旬至 12 月施入。由于无花果的结果习性与其他果树不同，特别是氮肥需要长时间持续地供给，因此基肥一般采用有机肥或肥效较长的复合肥。其用量氮为全年的 2/3、$P_2O_5$ 的全部、$K_2O$ 的 1/2。盛果期树

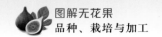

每 667 m² 施腐熟有机肥 300 kg，混入氮肥 16 kg、磷肥 12 kg、钾肥 16 kg，占全年总施肥量 25%，施肥后灌水。施用基肥时，在无花果树冠滴水线沿行间或株间开宽 30 cm、深 30～40 cm 的施肥沟，把肥料和石灰拌匀施入沟内再覆土。

### 2. 追肥

一般在 6～10 月根据树势灵活施用。6 月中下旬果子开始成熟后，直至 10 月 1 日前，都采用高钾低氮复合肥（含钾 28% 及以上的复合肥），以促进发枝和结果，促进提早上市。天气转凉了以后，再用平衡性复合肥。一般滴灌 15～20 d 用 1 次。无花果根系较浅，特别是水田改种果园的根更浅，如一次性施肥量过多，根系容易受到肥害，因此追肥尽可能多次施用为宜。

### 3. 根外追肥

生长季结合喷施农药进行根外追肥，时间最好在 10：00 以前和 16：00 以后，生长前期以喷氮肥为主，后期以喷磷、钾肥为主，喷施浓度：0.5% 尿素、硝酸铵或硫酸铵 0.2%、过磷酸钙 1%～3%、磷酸二氢钾 0.2%～0.3%、氯化钾 3%、硫酸钾 0.5%～1%。采前 20 d 内禁止根外追肥。

### 4. 诊断施肥

有条件的产区，应根据土壤和叶分析结果进行营养诊断施肥。

## 四、灌溉要求

整体来讲，无花果忌涝怕滞（图 5-7）。新梢生长期和果实迅速生长期，如遇天气干旱，应及时灌溉。落叶后结合秋耕灌 1 次冬水。浙江等南方地区春雨或梅雨季或台风来临前疏通排水系统。

图 5-7 无花果淹水

### 1. 灌水

无花果的叶片大，在夏季高温干旱季节，从叶表面蒸腾的水分多，当土壤水分供应不足时，植株缺水，产生旱害，从而抑制新梢生长，造成早期落叶，果实产量和品质下降，树势早衰。因此，在干旱季节应根据不同土壤质地，尤其是沙性土保水功能差，及时灌水抗旱。

无花果的主要需水期为冬前、发芽期和果实生长发育的 7～11 月，相应时期做好灌溉工作，一般 7～10 d 灌 1 次水，采用滴灌或微喷。同时，在必要的时期（如春旱季节、落叶后）结合施肥。冬耕时也要灌溉。

2. 排水

无花果的根系和桃树一样，对氧气的需求量大、耐涝性差。若积水 2～4 d，叶片开始凋萎；如积水不能及时排除，土壤中还原物质增加，不但能使细根枯死，粗根也会枯死。特别是黏土果园，因土层浅造成根系垂直分布浅，一般在 30 cm 内，土壤湿度过大也更危及根系。因此，雨季要做好排水工作，确保畅通排水。

# 第六章　无花果常见灾害及防治

近年来，随着我国无花果种植规模的不断扩大，病虫害和自然灾害在生产实践中日益突出，影响植株的生长发育，使果品产量及品质急剧下降，对生产的影响逐年增大。科学合理地开展病虫害及自然灾害防控，能够为各地无花果产业发展奠定良好的基础。无花果病虫害的防治以农业及物理防治为主，结合冬季修剪，清除地面落叶，利用管道和无人机喷雾杀菌（图6-1），减少果园内病菌来源，雨后及时排水，防止园内积水，降低田间湿度，间伐过密植株，使通风透光良好；增施磷、钾肥，提高植株抗病力；生长季节中，及时彻底摘除病叶、病果，集中销毁或深埋。

图6-1　管道和无人机喷雾杀菌

## 第一节　病害及其防治

### 一、霜疫病

症状见图6-2。

防治方法：南方年降水量超过800 mm的采用避雨栽培；露地栽培选择抗性较强的品种；加强田间管理，提高树体抵抗力；及时绑梢防止枝条下垂；合理整形修剪，及时清除和烧毁冬剪后的病果枝叶，减少病原物侵染源；合理密

图 6-2 霜疫病

植，保持良好的通风透光条件；地膜或地布覆盖隔离土壤中病菌；6 月初，选用 1∶2∶200 波尔多液，每隔 7~10 d 喷 1 次，连喷 3~5 次；或 6 月上旬，喷代森锰锌 600~800 倍液；或 6 月中旬至 7 月中旬，露地栽培的雨后及时喷药，可使用氟菌·霜霉威或精甲霜灵·烯酰吗啉。

## 二、炭疽病

炭疽病病菌为胶孢炭疽菌，是无花果生长期和采后储藏期的主要病害，主要危害果实，也可感染枝条、叶片。

症状：主要危害果实，在果面上出现圆形的凹陷褐色斑块，多数为同心轮纹状。病斑表面发生黑色小粒点，以后变成黑褐色的孢子块，病斑增大，果实软腐。叶片发病时产生近圆形至不规则形褐色病斑，边缘色稍深，叶柄感病初变为暗褐色（图 6-3）。

图 6-3 炭疽病

发病特点：果实成熟之前发病，以 9~10 月发病最重。高温高湿时易发生，是日光温室栽培常见病害。

防治方法：①农业防治：加强栽培管理，保持土壤疏松通气，果园通风透

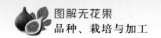

光良好，生长季节及时剪除病果、病叶、拾净落地病果集中烧毁；对年年发病的果园，应特别注意在休眠期清除小僵果、病枯枝及果台，并刮除病枯树皮，以减少初次侵染来源。②药剂防治：春季萌芽前，用3波美度石硫合剂喷洒果园清园消毒。6月下旬至7月上旬，每隔15 d左右喷药1次，连续喷3～4次。常用药使百克·靓或10%苯醚甲环唑1 500倍液或恶霜嘧铜菌酯1 000倍＋嘉美金点1 000倍液，或56%嘧菌·百菌清800倍液＋嘉美金点1 000倍液。交替使用药剂，重点喷布结果母枝。

## 三、锈病

症状：该病主要危害无花果嫩叶、嫩枝与幼果，发病初期，叶片正面出现黄绿色斑点，之后逐渐扩大成病斑，边缘红褐色；叶背初生黄白色至黄褐色小疱斑，后疱斑表皮破裂，散出褐色粉状物，即夏孢子堆和夏孢子。严重时病斑融合呈斑块，造成叶片卷缩、焦枯或脱落；幼果被侵染后，初期为黄色病斑，后渐变成黑褐色（图6-4）。

图6-4 锈 病

发病特点：主要在 6～9 月发生，湿度大，发病重。

防治方法：加强果园管理，摘除病叶并集中处理。用硫黄 400 倍液或石灰倍量式波尔多液，或 20％烯肟·戊唑醇或 48％苯甲·嘧菌酯对叶片喷雾防治。

## 四、枯枝病

由多种真菌引起发病，主要发生在主干和大枝上，初期不易发现，严重时结果枝生长不良，落叶枯死。

症状：初期症状不明显，感病部位出现轻度凹陷，可见米粒大小胶点，后出现紫红色病斑。严重时病皮组织逐渐腐烂并深达木质部，危害植株。

发病特点：4～5 月为病害发生期，此后随树木长势旺盛，病原体受到抑制，病原体利用风雨和昆虫等经伤口、皮孔或叶痕侵入，8～9 月发病加深。土壤过黏和冻害易诱发病害发生。

农业防治：加强栽培管理，提高树体抗病能力；及时检查刮治病部，并消毒保护；病害发生严重，没有保留价值的残株及时清除，减少病源。

药剂防治：发芽前树体喷 3～5 波美度的石硫合剂，保护树干；5～6 月，再喷 2 次 1∶3∶300 的波尔多液。

## 五、灰斑病

症状：该病由真菌引起，叶片受浸染初期，会产生圆形病斑，直径为 2～6 mm，边缘清晰，之后病斑灰色。

发病特点：在高温潮湿季节，病斑迅速扩大密集，使叶片呈焦枯状。叶斑病的发生与雨水有关联。

农业防治：加强肥水和树体管理，多施有机肥，适当增施磷、钾肥，避免偏施氮肥；及时清除病枝、病果，减少病源，秋果后集中清园、落叶。

药剂防治：发病前半个月左右，一般在 4 月上旬，喷 1∶2∶300 波尔多液，或 0.5∶0.5∶1∶200 的锌铜石灰液，或 30％苯甲·吡唑酯。

## 六、病毒病

目前在世界范围内已报到的无花果病毒至少有 15 种，无花果花叶病毒（Fig mosaic virus，FMV）、无花果叶斑相关病毒 1（Fig leaf mottle‐associated virus 1，FLMaV‐1）、无花果轻斑驳相关病毒（Fig mild mottle‐associated virus，FMMaV）、无花果叶斑相关病毒 2（Fig leaf mottle‐associated virus 2，FLMaV‐2）、无花果杆状 DNA 病毒 1（Fig badnavirus‐1，FBV‐1）、无花果隐

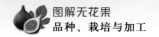

潜病毒（Fig cryptic virus，FCV）、无花果斑点相关病毒（Fig fleck‐associated virus，FFkaV）、无花果潜隐病毒1（Fig latent virus 1，FLV‐1）、无花果斑点相关病毒2（Fig fleck‐associated virus‐2，FFkaV‐2）、无花果叶斑相关病毒4（Fig leaf mottle‐associated virus 4，FLMaV‐4）、无花果杆状DNA病毒2（Fig badnavirus‐2，FBV‐2）和啤酒花矮化类病毒（Hop stunt viroid，HSVd）等。在我国检测到的无花果病毒有FMV、FBV‐1、FFkaV和FMMaV等。其中，FMV、FBV‐1和FFkaV是中国发生的主要的无花果病毒。

防治方法：挖除烧毁。及时防治刺吸式传播病毒的害虫。

# 第二节 虫鸟害及其防治

## 一、桑天牛

桑天牛 *Apriona germari*（Hope.）属鞘翅目天牛科沟胫天牛亚科，是无花果主要的害虫之一。

桑天牛成虫6～8月产卵，卵块会在离地约40 cm的枝干上，成虫把树皮咬成T形或V形的坑槽并产卵于其中，对枝干造成损伤；幼虫在枝干内蛀食木质部，被害枝干上几个或十几个排粪孔排成一排，往外排泄虫粪，影响植株营养吸收，严重者致使枝干中空、易折或整枝枯死（图6‐5）。

幼虫　　　　　　　被毒死幼虫　　　　　　桑天牛危害产生的虫粪

图6‐5　桑天牛

防治方法：①农业防治。根据桑天牛有喜食桑树、柞树的特点，以桑树或柞树作为诱集树种，在无花果园100 m以外栽植桑树或柞树，作为隔离保护带。桑天牛发生期间，对桑树或柞树进行喷药防治，注意诱树防治要及时、彻底。②人工防治。在成虫发生前对树干和大枝涂白涂剂（生石灰10份、硫黄

1份、水40份），防治成虫产卵。桑天牛成虫发生期，经常检查树干，及时人工捕杀，尤其是清晨、傍晚和雷雨降临前，桑天牛成虫都出洞在树干周围活动，最便于捕杀。7~8月可人工挖除卵粒，每隔7~10 d检查1次产卵刻槽，在刻槽处用小刀刺破卵粒或刺死初孵幼虫，也可用10号铅丝，先端锉尖呈三角钻状，插入产卵凹槽，扭转挤压卵粒，有效率可达98%左右。一般检查杀卵2~3次就可控制幼虫蛀干为害。③药剂防治。5月至7月中旬用绿色威雷300~400倍或天牛微雷或攻牛等喷枝干，持效期45~60 d。幼虫发生期，发现潮湿新鲜排粪孔时，先用铁丝将虫粪掏光，然后将磷化铝片剂塞入排粪孔内，并用黏泥密封虫孔，进行熏杀。或用兽用注射器将氯氰·丙溴磷50倍液注入排粪孔，然后用泥堵塞虫孔，防止药液外流。

## 二、线虫

危害无花果的寄生线虫迄今为止国外报道了30余种，其中以根结线虫、孢囊线虫和短体线虫致病力最强。侵染源主要是病土、病苗和灌溉水，以水、风、土壤、农机具等从事农业活动的各种工具为媒介进行传播。侵染源主要是病土、病苗和灌溉水，以水、风、土壤、农机具等从事农业活动的各种工具为媒介进行传播（图6-6）。

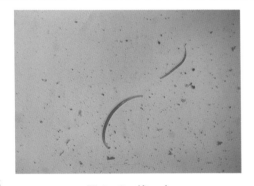

图6-6 线 虫

防治方法：①农业防治。选用无线虫苗木建园；尽量减少连茬，或经水稻轮作后再作建园之用。②药剂防治。土壤消毒处理，翻土之前每667 m² 使用石灰氮10 kg，加入绿福达。用其颗粒剂型，行施或点施于植株根部附近的土壤中，并浇入一定水，对杀灭根体内和根体外的线虫效果良好。也可用二氯异丙醚防治，在树下每隔30 cm打穴灌注，连续防治2年。

## 三、金龟子

金龟子对果树危害的主要表现在幼虫取食根部，成虫取食幼嫩芽和嫩叶，喜群体活动，尤其是长势弱的植株，一旦受到侵蚀，就会死亡。危害无花果的金龟子主要有白星金龟子和东方金龟子两种（图6-7）。

防治方法：①农业防治。建园时，选择不易裂果的品种；果实成熟时适时采收，防止采前流蜜和果皮受伤。②物理防治。利用其假死性，成虫发生期

图 6-7　金龟子

于傍晚摇树，振落人工捕杀；也可利用成虫的趋光性，设置黑光灯诱杀。③人工防治。在成虫活动最盛的时期，利用其假死性进行人工捕捉，也可利用白星金龟子喜食糖蜜的特点，在树上悬挂装有加蜜熟果的竹筒进行诱杀。④药剂防治。预防东方金龟子，在成虫出土初期，以50%辛硫磷200倍液或2.5%敌百虫粉每公顷6～12 kg喷洒地面，然后浅锄入土，毒杀出土及潜伏成虫。预防白星金龟子，在苗圃和新植无花果园成虫出现盛期时，于无风的15:00左右，用长约60 cm的杨、柳、榆枝条，蘸80%的敌百虫100倍液，分散插在地里诱杀成虫；利用成虫入土习性，于成虫发生前在树下撒5%辛硫磷颗粒剂，施后耙松表土，使部分入土的成虫触药中毒死亡；成虫大发生期向树上喷药，可用80%敌百虫800倍液，或25%可湿性西维因1 000倍液。

## 四、果蝇

隶属双翅目果蝇科，种类多，身长3 mm左右，繁殖力强。条件适宜时，一年可繁殖十多代，如不及时防治对无花果园可造成惨重的经济损失。无花果采摘下来放置许久之后就会出现。熟透、果目大或有裂口的无花果果实所散发出来的香味会引诱果蝇前来舔食、产卵，并诱发次生酸腐病（图6-8）。

正常果实　　青皮感染酸腐病

图6-8　果　蝇

防治方法：①及时摘果和清园。鲜果成熟后需要及时采摘，去除病果、烂果及时清园。②使用黄板、杀虫灯、诱捕器等，果蝇对黄色有趋性，无花果成熟前悬挂黄色的杀虫板能诱杀到大部分成虫。放置杀虫灯引诱果蝇扑向灯的光源，从而被光源外配置的高压击杀网灭死后掉入灯下专用的接虫袋内。悬挂果蝇诱捕器，利用引诱剂（果蝇性诱引剂）对果蝇的吸引作用，将其引入诱捕器内进行捕杀。③套袋或贴果目。

## 五、蚜虫

蚜虫，又称腻虫、蜜虫，是一类植食性昆虫。一般危害无花果尖梢的嫩叶，等待枝条开始快速生长后蚜虫可自行消失。如果严重可适当喷施可立施（图6-9）。

图6-9　蚜　虫

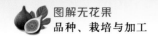

## 六、绿盲蝽

绿盲蝽又名花叶虫，属半翅目盲蝽科。近年来，在无花果上可见绿盲蝽危害。嫩叶被害后先出现枯死小点，后变成不规则的孔洞（图6-10）。

防治方法：利用该虫趋光性，挂1台频振式杀虫灯诱杀成虫。萌芽时，全树喷施1次3～5波美度的石硫合剂，消灭越冬卵及初孵若虫。常用药剂有10%吡虫啉粉剂、3%啶虫脒乳油、2.5%溴氰菊酯乳油、5%顺式氯氰菊酯乳油等。连喷2～3次，间隔7～10 d。

图6-10 绿盲蝽

## 七、蜗牛

蜗牛是陆生贝壳类软体动物，有很多种，对农作物来讲是害虫。通过爬行传播。蜗牛1年有2次发生高峰，1次在春季4～6月，第2次是在8～9月。蜗牛昼伏夜出，多在18:00以后开始取食，20:00—23:00为取食高峰。蜗牛喜欢阴凉潮湿的环境，白天多在树叶背面、土缝等比较潮湿的地方躲藏。蜗牛主要危害无花果幼枝、花、果，影响枝条生长和果实外观品质，取食造成的伤口有时还可诱发软腐病等（图6-11）。

图6-11 蜗 牛

防治方法：①撒生石灰，选下午在每株无花果周围撒一圈生石灰，蜗牛遇到生石灰会失水死亡；②茶籽水灌根，在蜗牛发生初期，使用茶籽水稀释60倍进行灌根；③园内放养鸡鸭；④诱捕，在地面上堆置青草、树叶等，诱集后将蜗牛一起取下消灭；⑤使用8%四聚乙醛颗粒剂，进行撒施、条施或点施诱杀，或使用 80％四聚乙醛可湿性粉剂 300 倍液，喷洒茎叶。

## 八、象鼻虫

象鼻虫晚上在地下活动，白天在地上活动。一般 3 月气温回暖后虫蛹变成幼虫开始觅食。由于夏季象鼻虫的危害不明显，到了冬季其幼虫钻到树根部，取食无花果的树根，钻树体，其幼虫比天牛幼虫还要短小，蛀食树根部没有出气孔，虫粪又在泥土周边或上下，很难发现。象鼻虫对无花果幼树危害严重，忽略象鼻虫可能造成整园毁灭（图 6-12）。

图 6-12　象鼻虫

防治方法：①人工捕杀，在日出前在树下铺塑料薄膜，摇动树枝振落后捕杀；②在秋冬季深翻树盘，将在 3～6 cm 潜伏的表土翻入 28 cm 以下，使其不能出土；③初春使用高效氯氟氰菊酯，灌根＋喷施同时进行，且全园都要喷施，包括园区的道路和草丛。7 d 左右喷施 1 次，连喷 2～3 次。

## 九、双叉犀金龟

双叉犀金龟属鞘翅目金龟子科叉犀金龟属，又名独角蜣螂虫。白天常在腐殖质内或有遮蔽物处休憩，但雄虫会在土层上活动，趋光，夜晚在亮处交配，雄虫有飞舞、格斗等行为。一年一代，成虫在 5～9 月主要危害桃树、杏树、梨树等的嫩枝或当年生树干和叶柄基部，造成新生枝或叶片枯萎死亡，果实减少产量。同时还吸食树木伤口处的汁液，或桃、杏、李等的成熟果实，尤其是喜爱被鸟啄或虫伤害的成熟果实（图 6-13）。

图 6-13　双叉犀金龟

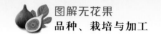

防治方法：在6～9月成虫羽化期，应用佳多频振式诱杀灯，运用光诱杀成虫，能大幅度降低落卵量，压低虫口基数和密度，具有良好防治效果。同时，可使用微囊噻虫啉生态防治药品。

## 十、黄刺蛾

发生于每年6月，基本与桑天牛同时发生。黄刺蛾产卵于叶背面。产卵期短，一般10 d左右。幼虫孵出来后开始啃食叶肉，留下叶脉，最后形成网状。大龄幼虫继续啃食叶片，最后只剩叶柄。6月幼虫期，用敌敌畏喷叶面防治。成虫可根据其趋光性进行诱杀，或在树干地面周围喷洒农药。

## 十一、鸟

无花果树病虫害较少，主要为鸟害。无花果皮薄肉软、色彩鲜艳、清香甘甜，成熟时容易引鸟来啄食。被鸟取食的无花果，既不能鲜食，也不能用于加工，留在树上还容易滋生病菌，影响果园的整体效益（图6-14）。

图6-14 鸟害（聂洋萍供图）

防治方法：生产中最常用的方法是搭建防鸟网，防鸟网是一种效果好、成本低的好方法。防鸟网是一种塑料网状织物，具有拉力强度大、抗热、耐水、耐腐蚀、耐老化、无毒无味、废弃物易处理等优点，一般采用孔径 2.0～2.5 cm 的无色或黑色防鸟网（图 6-15）。也有地区会插立旋转风向标、红色布条、稻草人等驱赶鸟。

图 6-15　防鸟网应用

# 第三节　气象灾害及其防治

## 一、干旱

无花果叶片大分枝多，蒸腾作用强，根系分布较浅，抗旱特性比较差，尤其在北方夏秋干燥期，因根系活力不强，如遇到连续干旱，结果枝叶片会变黄甚至脱落，严重时会引起果实小而不成熟，甚至落果。无花果成熟过程中如果遭遇干旱，会导致叶子发黄脱落，果实膨大受阻，成熟期延长。果实收获期如连续干旱后骤降暴雨，会因果皮与果实内发育不一致而导致果孔开裂，造成果实品质下降、商品价值下降，降低经济效益（图 6-16）。

图 6-16　受旱果

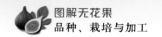
干旱时，应加强栽培管理，设置滴灌设施，及时灌水。果实收获期，灌水时间不宜间隔过长，防止土壤水分变化剧烈，裂果增多。采收前1d尽量不灌水，以免土壤过黏造成不利采收。对于有效土层浅、排水差的果园应增施有机肥，进行松土铺草，加深有效土层，增加无花果根系活力。

## 二、冻害

无花果虽是落叶果树，但大部分品种耐寒性较弱，在冬季气温较低地区易产生冻害。不同的无花果品种对低温的抵抗能力存在很大的差异，且植株不同部位的冻害表现也不同；花芽腋芽、成熟不好的枝条、根颈处最容易受冻害（图6-17）。

图6-17　冻害（田宝龙供图）

根据当地自然条件，低温情况选择相应的抗寒品种。建园时应选择背风向阳处，避免低洼山谷、丘陵北坡及风口处。入秋后，应提高树体内养分的积累，避免后期灌水及施用氮肥过量，使无花果正常进入休眠期，增强树体抗寒能力。对于抗寒性差的品种，需要对树干进行低埋防冻栽培，在12月中旬前后完成修剪，在寒潮侵袭前培土。高度至少10cm，具体根据主干高度。若树干正面受冻害严重时，应在寒潮来临前，采取涂白剂涂刷主枝和侧枝等保暖措施。气温回暖后，锯去主干和主枝冻害部位，并喷洒甲基托布津等防治病害。

## 三、风害

无花果在收获期若遇到大风侵袭，会对果树造成较大影响，尤其是幼龄树会倒伏、落叶和落果等，不仅使当年果树产量减少，还会对翌年造成影响。如遇到风加雨时，还会将土壤表面病菌带上树体，对苗木造成更大危害。

通过设置支柱固定苗木，尤其是一年生树木需绑扎牢固。检查排水系统，确保雨水及时排出。还可建造防风林，减少叶片及果实损伤。一旦发生风害，及时将落果、枯枝带出园外销毁，并用200倍波尔多液喷洒全园，预防病害侵染。

## 四、日灼

无花果枝干受阳光直射，易出现枝顶梢失水变枯、嫩叶焦枯等日灼现象。夏、秋季高温，因阳光直接照射，树皮内组织受热过重产生灼伤，使枝干水分、养分在输送过程中受阻碍，树皮因缺水干燥而脱落，导致木质部受损。8~9月为高温干旱期，日灼发生较重。因湿害、干害引起早期落叶及树势较弱的植株，也会导致日灼发生。除枝干外，无花果果实也面临着日灼等带来的危害（图 6-18）。

图 6-18 日　灼

在枝干上刷涂白剂可抑制树皮内水分蒸发，防止因干燥产生的树皮脱落。另外，还应注意水分管理，控制土壤湿度，防止早期落叶，避免阳光直射等；设施栽培需控制无花果生长高度，避免生长过高。

# 第七章　无花果采收包装、储藏保鲜

## 第一节　采收包装

### 一、采收时期

果实成熟度的判断：无花果的果实成熟后，散发出浓郁的芳香，风味醇美、独特，具有品种的固有形色。一般果实从着色到完熟要经过4～6 d。根据鲜销和加工的不同要求及时采收。鲜销果品采收要求在九成熟时（完熟前1～2 d）进行；用于加工果干、果脯、蜜饯的可在七八成熟时（即着色2～3 d）采摘；用于加工果酱、果汁的七至九成熟时都可以采收，加工果酒的可在八成以上熟时采收。

采收方法：采收时手掌托住果实，手指轻压果梗并折断取下果实，需保留一小段果梗，以免果皮撕裂开，注意不要擦伤或撕裂果皮。无花果自下而上分批成熟，每个果的适宜收获期仅1～2 d。为保持果实的鲜度，采收以选择晴天早、晚温度较低的时候为宜，务必在降雨前收获，要轻摘轻放，不使果实因振动而受伤。无花果果梗基部伤口溢出的白色汁液含有蛋白质分解酶，会致皮肤发痒，为防止无花果汁液过敏，在采摘时应戴塑料或橡胶手套。

储运：用于鲜销的无花果因成熟度高，应采用塑料盒或泡沫盒分格包装，每格一只，避免接触碰撞，下铺薄层塑料海绵或纱布。采下的果实及时放入保鲜库，如无保鲜库尽量放置在阴凉通风处。用于加工的果实，为便于加工，不同品种、不同色泽应分别装筐，且在运输中避免被重压（图7-1）。

图7-1　无花果采收和包装

## 二、分级包装

用于鲜销的无花果因成熟度高，可采用塑料盒或泡沫盒，盛果量5 kg或10 kg，分级分格包装，每格1只，或套网袋（图7-2，表7-1），避免接触碰撞，每箱最多放置两层鲜果，长途发运时可内附冰袋。或纸箱内附塑料盒，纸盒多为开窗设计，内有4～6个塑料盒，每盒放果4～6枚。

图7-2 无花果包装

表7-1 无花果鲜果分级标准

| 等级 | 重量 | 颜色 | 果实完整度 | 果实成熟度 |
|---|---|---|---|---|
| 一等 | 大果型90 g以上，小果型60 g以上 | 具有该品种应有的颜色，着色较深，着色面积90%以上 | 无裂果、无机械损伤、无鸟害、无病果 | 8～9成，果肉柔软，蜜化较好，口感甜润 |
| 二等 | 大果型60～89 g，小果型40～59 g | 具有该品种应有的颜色，着色较深，着色面积80%以上 | 轻微裂果，无机械损伤，无鸟害，无病果 | 8成，果肉柔软，大部分蜜化，口感甜润 |
| 三等 | 大果型60 g以下，小果型40 g以下 | 具有该品种应有的颜色，着色较深，着色面积70%以上 | 轻微裂果，无机械损伤，无鸟害，无病果 | 7.5～8成，果肉稍硬，部分蜜化，口感甜酸 |

# 第二节　储藏保鲜

## 一、无花果采后生理

在栽培过程中，非呼吸跃变型果实必须在中植株上完成成熟之后方可采收；而呼吸跃变型果实由于具有后熟现象，可以在完熟之前的商业成熟时期进

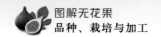
行采收，以延长果实的货架期，避免经济效益的损失。根据成熟过程中呼吸峰和乙烯释放峰的有无可以将高等植物果实分为呼吸跃变型果实和非呼吸跃变型果实。无花果被证实属于呼吸跃变型，但无花果果实也表现出非呼吸跃变型果实的特点，需要在一定的成熟度下采摘，从而获得更好的味道和口感。

无花果含糖量高、含水量高，果皮薄，且果实底部有天然开孔，极易受到病原菌的感染和损伤，采后极易腐烂，难以保存和运输。无花果采后果实易感染黑穗病、黑腐病、灰霉病和酸腐病。常温下，无花果果实最多保存24 h，近70%的无花果鲜果只能在产地周边消化。因此，采后储运保鲜技术的开发是无花果产业可持续发展的关键。

## 二、储藏保鲜技术

### 1. 影响储藏保鲜的关键因素

影响无花果储藏效果的因素是多方面的，为更好地保藏、运输和加工无花果，应当在无花果采后储藏的温度、湿度、气体浓度和环境净度以及采前管理和品种改造这几个关键环节和因素里注意各个指标变化对保藏无花果果实的影响。其中，储藏温度是影响无花果储藏效果最重要的因素，主要是影响无花果呼吸作用从而影响其采后状态，波姬红、青皮、布兰瑞克3个品种无花果的最适储藏温度为−1 ℃。储藏无花果的适宜相对湿度是85%～95%。其次，品种间的储藏性也有很大差异，且秋果的耐储藏性能要优于夏果。

### 2. 常用储藏保鲜技术

无花果的保鲜技术分为物理保鲜技术、化学保鲜技术、复合保鲜技术和其他新型保鲜技术。

物理保鲜技术包括低温储藏、变温储藏、气调保鲜等，无花果储藏保鲜最常用的方法是控制低温条件，无花果适宜的冷藏温度为−2～4 ℃，在0 ℃环境能达到很好的保鲜效果。不过具体参数随品种、产地、果实成熟度和储藏时间长短的不同而存在差异。另外，将鲜果立即置于4 ℃预冷可以明显延长储藏流通时间。

化学保鲜技术包括1-甲基环丙烯（1-MCP）处理、钙处理和氯处理。1-MCP是乙烯作用的一种竞争性抑制剂，能抑制乙烯与受体蛋白结合，阻止乙烯生理作用的发挥，对延缓果蔬成熟衰老有显著作用。其在无花果采后储藏保鲜中的应用有待进一步实践；钙处理可提高果实的抗逆性，钙还能影响果实中乙烯的合成，推迟成熟，延缓衰老。采后钙处理可以明显减轻果实低温储藏的冷害，维持无花果较高的硬度。

生物保鲜剂是近年兴起的能用于食品保鲜的动植物源提取物质，包括壳聚糖、生姜提取物、苦芥子提取物、五味子提取物等，应用最广的就是 1.5％壳聚糖涂膜保鲜。壳聚糖是无毒、无味、成本低的一种天然保鲜剂，应用于果蔬保鲜时，在果蔬表面形成聚合物薄膜，可抑制果蔬蒸腾、呼吸、物质代谢和果色转化等生理生化过程，推迟生理衰老，延长储藏期。在我国，壳聚糖涂膜保鲜主要应用于杧果、脐橙、蟠桃、梨和草莓等水果。纳米材料是材料技术上的重大突破，对无花果的储藏保鲜同样具有明显的作用。

# 第八章　无花果加工品的开发

## 第一节　无花果的营养价值和深加工现状

无花果味美可口，营养丰富，果、茎、叶、根均含有多种氨基酸和有益于身体健康的微量元素、维生素及多糖类，还富含香柑内酯、补骨脂素、黄酮等物质，此外，无花果叶中锌、铁等微量元素含量也较高，具有显著的抑肿瘤、降血脂等功效。

无花果除鲜食、药用外，还可加工制成果干、果脯、果酱、果汁、果茶、果酒、饮料、罐头等。无花果干味道浓厚、甘甜，在市场上较为畅销。

无花果色泽鲜艳，属于浆果树种，果皮薄且果肉无核，适合各个年龄层的人食用，因其肉质松软，口感甘甜，尤其适合儿童和老年人。研究表明，无花果果实富含糖（主要为果糖、葡萄糖和多糖）、同时还含有帮助消化的多种酶类、蛋白质、氨基酸和多种维生素，其中维生素 C 含量极高，每 100 g 无花果中含有维生素 C 2 mg，是柑橘的 2 倍、桃的 8 倍、梨的 27 倍，高居各类水果之首。据山东省林业科学研究院测定，成熟无花果果肉可溶性固形物含量可高达 24%，大部分品种的含糖量在 15%～22%。

无花果的矿质元素也很丰富，张积霞等用原子吸收分光光度法对无花果中矿质元素进行测定，表明无花果含 Fe、Mn、Zn、Cu 等。唐清秀等对陇南无花果进行矿质元素的测定，表明含量最高的是 Ca，为 59.56 $\mu g/g$，其次是 Mg（25.06 $\mu g/g$）、P（20.57 $\mu g/g$）、Fe（1.12 $\mu g/g$）、Mn（0.30 $\mu g/g$），因此，多食无花果可以起到保健的功效。无花果还含有丰富的硒，其果实中含量为 54.7 ng/g，叶子中含量为 189.3 ng/g，是最新发现的浓集硒果树；硒是人体内抵抗有毒物质的保护剂，可降低有毒物质的侵害。无花果的果实中还含有可以吸附肠道有害物质的果胶等纤维素，对人类健康非常有益，可起到良好的保健作用。

无花果的果实和叶片中含有 18 种氨基酸，人体所需的氨基酸就占到了 8 种之多，其中最有价值的是能够有效缓解疲劳的天门冬氨酸，其经检测在无花果叶片中的含量达到了 0.49%。经测定，无花果果实中还含有淀粉糖化酶、超氧化物歧化酶、具有抗衰老成分的蛋白酶，其中佛手柑内酯等对抑癌有一定作用，因此，无花果具有良好的药用价值。

作为一种常用的中药材，无花果在《本草纲目》中有记载，描述其为"甘，平，无毒；治五痔，咽喉痛"，《全国中草药汇编》中提到无花果可"润肺止咳，清热润肠，用于咳喘，咽喉肿痛，便秘，痔疮"，并被发现具备可降血脂、抗肿瘤、抑菌等功效，已应用于多副中药处方。明代兰茂《滇南本草》中记有"无花果主治开胃健脾，止泄痢疾，亦治喉痛。熬水洗疮，最良"。清代何克谏所著的《生草药性备要》中记载："无花果治火病。"

无花果含有苹果酸、柠檬酸、脂肪酶、蛋白酶、水解酶等，故具有润肠通便及通乳的效果；可减少脂肪在血管内的沉积，进而起到降血压、预防冠心病的作用；有抗炎消肿之功，可利咽消肿；未成熟果实的乳浆中含有补骨脂素、佛手柑内酯等活性成分，具有防癌抗癌、增强机体抗病能力的作用，可以预防多种癌症的发生。

# 第二节 常见加工品

无花果结果率高并且结果时间长，但在农业生产中，会有很多无花果不能达到成熟状态，特别是霜降后气温低和光照不足，残留在树上的都是未成熟的无花果青果，口味寡淡，不宜直接食用而被丢弃。虽然这些青果口感欠佳，但仍具有丰富的营养成分和抗癌活性物质。可以用无花果青果为原料，加工成营养丰富、香气浓郁、饮用方便的无花果干茶片，不仅避免直接食用的不良口感，而且可获取无花果青果的有益成分，同时使废弃资源得到高效利用，提高了果农的经济效益。

## 一、无花果茶干片

**1. 工艺流程**

原料挑选→清洗→晾干→切片→烘制→提香→包装→成品。

**2. 关键工艺技术要点**

（1）原料挑选。选取转色前的无花果青果，要求无病虫害，无腐烂，果形完整带果蒂。

（2）清洗。将采好的青果用流水冲洗干净。

（3）晾干。在干净的环境中自然晾干。

（4）切片。将晾干的无花果置于切片机（图8-1）中进行切片，切片厚度设置为2 mm。

（5）烘制。将切好的无花果片均匀地平铺在金属网格托盘中，然后置于烘

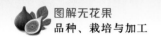

箱中，55～65 ℃下保持4～5 h，此时箱内湿度在40%左右。

（6）提香。将烘箱温度调至85～90 ℃，保持2～3 h至完全烘干，提炼出无花果浓郁的香气，烘干后的无花果干茶片含水量为11%～13%。

（7）包装。提香后的无花果干茶片置于干净的环境中常温冷却并装入密闭干燥的包装盒内。

**3. 成品质量标准**

（1）感官要求。干片较完整，碎末较少；具有浓郁的果香味，味道清爽柔和。

（2）理化要求。符合《代用茶》(GH/T 1091—2014）的要求。

图8-1　无花果切片机

## 二、无花果果酒

无花果果酒（图8-2）是以无花果为原料，采用生物发酵工艺酿造出来的低酒精度、高营养的保健饮料酒。无花果中含有的糖主要为葡萄糖和果糖，和葡萄中的糖类似，适宜酿造果酒。果实中所含对人体有益的多种氨基酸、维生素、微量元素等营养物质以及异戊醇、辛酸乙酯等挥发性物质，使得无花果果酒不仅营养丰富，而且果香、酒香和谐纯正，口感风味独特，具有较高的药理价值。

图8-2　无花果果酒

无花果所含的脂肪酸、水解酶等有降低血脂和分解血脂的功能，可减少脂肪在血管中的沉积，进而起到降血压、预防冠心病的作用；无花果果酒含有大量的酶，其中蛋白质分解的酶最多，还含有脂肪酶、淀粉酶、超氧歧化酶等，能促进消化，有利于改善肠胃功能，促进消化吸收；无花果果酒含有大量的纤维素，能刺激肠胃，加快肠道蠕动，有促进排便的功效，同时还含有一些脂类物质，有润肠道的功效；无花果的蛋白质含量不是很高，但是其蛋白质分解的氨基酸是人体必需的氨基酸，这类氨基酸人体不能自己合成，只能从外界环境中获取，经常食用无花果果酒能补充机体的必需氨基酸，有助于促进蛋白质的合成，增强机体免疫力；无花果中含有柠檬酸、延胡索酸、琥珀酸、苹果酸、冰乙酸、草酸、奎宁酸等物质，具有抗炎消肿的功效。绿色食品果酒的制作要求参照 NY/T 1508 的规定执行。

**1. 工艺流程**

原料挑选→护色、打浆→酶解→汁液调整（蔗糖）→酵母活化→发酵→倒罐→后发酵→皮渣分离→陈酿→过滤、灌装→成品。

**2. 关键工艺技术要点**

（1）原料挑选。"七分原料三分工艺"，无花果的果实品质直接关系到果酒的品质，必须挑选成熟度高（八九成熟），无病虫害果、无霉烂果，色泽鲜艳的果实，并且采摘的时候轻拿轻放，避免机械损伤。

（2）护色、打浆。按照果重的 0.02% 添加维生素 C 进行破碎打浆。

（3）酶解。果浆中加入 20 mg/L 的果胶酶，用于分解果胶，析出更多的汁液。

（4）汁液调整。由于无花果自身的含糖量不足，要得到酒精度达到 $10°\sim14°$ 的无花果果酒，必须补加糖，一般情况下添加蔗糖。按照 1 L 果汁中 18 g 糖转化成 $1°$ 的酒精进行添加。如无花果原浆可溶性固形物为 16%，发酵成目标酒精度为 $12°$，总量为 100 L 的无花果果酒需添加的蔗糖总量为：（12×18 g/L—160 g/L）×100 L＝5 600 g。

（5）酵母活化。按照 0.2 g/L 酵母添加量，将酿酒活性干酵母加入 20 倍质量含有 5% 蔗糖的温水（36～38 ℃）中活化 20 min，当酵母液逐渐漂浮起来，并且出现泡沫，说明酵母活化成功。

（6）发酵。活化好的酵母液全部添加到无花果果浆中，搅拌均匀，于20～28 ℃环境下进行发酵（图 8-3）。发酵开始的标志：形成"酒帽"，发酵液温度上升。每天需要"压帽"使得果渣和汁液充分浸渍发酵，并搅拌均匀，测定并记录无花果果酒的比重。

（7）倒罐。倒罐就是将果酒从一个罐倒入另一个罐，也叫打循环。为了防

图 8-3　发酵罐

止发酵温度过高，造成果酒香气流失以及口感变差，需要进行倒罐实现控温发酵。发酵初期开放式倒罐可适当增加氧气含量，为酵母大量的繁殖提供氧气。后期酵母数量很庞大的时候就进行封闭式循环，使酵母进行无氧呼吸，从而产生酒精。

（8）皮渣分离。当无花果酒的比重降至 1.010～1.020 时，开始皮渣分离。分离汁继续进行酒精发酵至结束（比重降至 0.992～0.996，残糖低于 2 g/L），加入 60～80 mg/L $SO_2$ 终止发酵。

（9）陈酿。陈酿过程中，果酒中的有机酸与乙醇进行酯化反应，减少酒体的不良口感，增添新的芳香物质，增强酒体圆润和平衡的口感。常见的酸有琥珀酸、柠檬酸、苹果酸、乳酸和草酸等。发酵好的原酒至少陈酿 2～3 个月，酒的色、香、味均会明显提升。

（10）过滤、灌装。将陈酿好的澄清酒液利用过滤设备进行过滤后，灌装到包装瓶中。

**3. 成品质量标准**

（1）感官要求。①色泽：具有无花果果汁本色或琥珀色，有光泽；②澄清度：清澈透明，无杂质、悬浮物或沉淀，悦目协调；③香气：具有浓郁、协调的果香味和酒香味，味道清爽柔和；④口感：口感柔和，诸味协调，醇厚绵长。

（2）理化要求。酒精度（20 ℃）10％～15％；总糖（以葡萄糖计）6～10 g/L，总酸（以乙酸计）2 g/L；二氧化硫（以游离二氧化硫计）40 mg/L。

（3）按照《食品安全国家标准 发酵酒及其配制酒生产卫生规范》（GB 12696—2016）和《绿色食品 果酒》（NY/T 1508—2017）的规定执行。

## 三、无花果白兰地

随着各国城乡居民生活水平的日益改善和提高，人们的饮酒习惯也发生了很大的变化，逐渐由高度粮食白酒转向营养型的果酒，白兰地作为果酒的典型代表，以其独特的风味而备受人们的青睐。同时，我国是人口大国，粮食关系到国计民生，粮食蒸馏酒每年达数千万吨，不利于我国经济的持续稳定发展。因此，开发新型蒸馏酒，符合国家政策，也符合行业发展的需要。在我国的山东、江苏、新疆等地，无花果栽培面积大，产量又高，其资源十分丰富。无花果不仅食用价值高，作为传统中药又具有健胃清肠、消肿解毒、明目生肌等多种功效，无花果中含有苯甲醛、佛手柑内酯、补骨脂素等抗癌物质，还含有大量的硒，硒能够清除自由基，保护细胞膜免受氧化，有保护心脑血管，调节血糖、血压的作用，又有保肝抗癌作用。

无花果白兰地属于蒸馏酒，加工技术要求相对偏低，而且食品安全性高。无花果白兰地（图8-4）香气浓郁，口感柔和，营养价值高，所以售价较高，可以帮助农民增收致富。

图8-4 无花果白兰地原酒

### 1. 工艺流程

原料挑选→打浆→酶解→汁液调整（蔗糖）→酵母活化→发酵→倒罐→第1次蒸馏→第2次蒸馏→调配→无花果白兰地原酒→储存→成品。

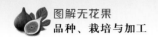
**2. 关键工艺技术要点**

（1）原料挑选。选取八九成熟的无花果，无病虫害果、无霉烂果，色泽鲜艳。

（2）打浆。将挑选好的无花果用打浆机进行粉碎打浆，以便于后期汁液渗出，更好地进行酒精发酵。

（3）酶解。因为无花果果实中含有大量的果胶，需要用果胶酶进行酶解。果浆中加入 50 mg/L 的果胶酶，用于分解果胶，析出更多的汁液。

（4）汁液调整。由于无花果自身的含糖量不足，要保证发酵完之后的酒精度至少达到 10°，蒸馏出来的白兰地原酒综合品质才更高。一般是通过添加蔗糖进行调整。例如，无花果原浆可溶性固形物为 16%，发酵目标酒精度为 10°，总量为 100 L 的无花果酒需添加的蔗糖总量为：（10×18 g/L－160 g/L）× 100 L＝2 000 g。

（5）酵母活化。按照 0.2～0.3 g/L 酵母添加量，将酿酒活性干酵母加入 20 倍质量含有 5% 蔗糖的温水（36～38 ℃）中活化 20 min，当酵母液逐渐漂浮起来，并且出现泡沫，说明酵母活化成功。

（6）发酵。用浓浆泵送入发酵罐进行发酵，果浆进入发酵罐后，活化好的酵母液全部添加到无花果果浆中，搅拌均匀，在 25～28 ℃ 条件下进行发酵（图 8 - 5）。

图 8 - 5　鼓泡清洗提升机、匀浆机和蒸馏锅

（7）倒罐。倒罐就是将果酒从一个罐倒入另一个罐，也叫打循环。为了防止发酵温度过高，造成果酒香气流失以及口感变差，需要进行倒罐实现控温发酵。发酵初期开放式倒罐可适当增加氧气含量，为酵母大量的繁殖提供氧气。后期酵母数量很庞大的时候就进行封闭式循环，使酵母进行无氧呼吸，从而产生酒精。

（8）第 1 次蒸馏。当无花果酒精发酵至结束（比重降至 0.992～0.996，残糖低于 2 g/L）后，将发酵结束的醪液送入蒸馏锅内蒸馏，蒸馏时先用大火烧至酒液沸腾，出酒后改用中火。收取蒸馏出来的酒液，刚开始出来的酒液为酒头，约占馏出液的 5%，酒头含有大量对人体有害的甲醇，酒头应单独存放。然后再一直蒸馏至酒精度为 10°以下为止，并收集好酒液。

（9）第 2 次蒸馏，将第 1 次蒸馏好的酒液倒入蒸馏锅中进行第 2 次蒸馏，同样采取大火改中火的方法。酒头单独保存，然后再收取中间的酒液，当酒精度低于 40°时，称为酒尾，也要单独存放，用于调配以及进行再次蒸馏用。

（10）调配。经过二次蒸馏的酒液，酒精度在 55°～65°，需要将酒精度调整到目标值之后，再进行储存。一般情况下，若后期要置于橡木桶存放，酒精度应调整至 40°～42°。若置于陶罐中进行储存，酒精度调整应至 45°～52°。

（11）储存。调整好的酒液放入橡木桶中储存，至少 3 年以上，才能获得综合品质较好的白兰地。若不希望无花果的香气被橡木桶的香气所影响或者覆盖，可以将白兰地原酒放入陶罐中保存 3 年以上。

**3. 产品质量指标**

（1）感官要求。①色泽：无色透明（白兰地原酒）或琥珀色（白兰地）；②澄清度：清澈透明，无杂质、悬浮物或沉淀，悦目协调；③香气：具有浓郁、协调的果香、酒香和橡木桶香，味道清爽柔和；④口感：口感柔和，诸味协调，醇厚绵长。

（2）理化要求。铅（以 Pb 计）≤0.5 mg/kg；甲醇≤2.0 g/L；氰化物≤8.0 mg/L；糖精钠（以糖精计）不得检出。

# 四、无花果果干

**1. 冻干无花果**

冻干无花果（图 8-6）是将无花果快速冻结，然后在真空下冰状脱水，保存了原有的色、香、味、营养成分和原有的物料的外观，并具有良好的复水性，而且不含任何添加剂，是理想的天然食品。市面上有很多其他水果制作而成的冻干，能够在常温下储存、运输，不用建立冷藏链，降低了储藏成本，提高了水果加工与利用，保证了水果产业

图 8-6 冻干无花果

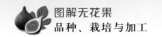

的可持续发展。绿色食品果干、脆片的制作要求参照 NY/T 435 和 NY/T 1041。

（1）工艺流程。清洗→切片→预冻→冻干→包装。

（2）关键工艺技术要点

① 清洗。选择成熟度一致，无病虫害的新鲜无花果，用流水冲洗干净后在 100 mg/L 亚硫酸钠溶液中浸泡 2 min，以杀灭表面真菌，然后用清水冲洗干净，沥干。

② 切片。在冷冻之前要将无花果进行切片，以便于后期快速脱水。切片时，一般沿着果实进行纵切。

③ 预冻。无花果的预冻温度和预冻速率共同决定了冻结后物料的组织形态，预冻温度过高，物料未达到完全冻结，在冻干抽真空过程中（图 8-7），物料会发生收缩、变形等不良现象，预冻温度过低，则延长了干燥时间，增加了冻干能耗。经试验，最终确定预冻温度为 -35 ℃，预冻时间为 2 h。

图 8-7　FD 冷冻干燥机

④ 冻干。无花果切片太厚，导致传质传热阻力就越大，干燥时间就会增加，干燥速率就越低；无花果切太薄，容易导致内部冰晶融化、无花果收缩脱离干燥板等现象的发生，进而干燥速率降低。干燥室压力过低，冻干能耗增加，干燥速率下降。无花果切片厚度一般在 10～15 mm 为宜，加热板温度为 55 ℃，干燥室压力为 40 Pa。

⑤ 包装。经过真空冷冻干燥后的无花果含水量低，疏松多孔，总表面积比原来扩大了，因此极易吸湿吸潮和氧化变质，一般要封装储藏，添加氧化剂、干燥剂，置于低温环境中。

**2. 烘干无花果**

烘干不用真空，也不用低温，一般是在较为通风的温度较高的场所，让食物中的水分蒸发，是物理的挥发原理。烘干技术得到的产品皱缩变形，颜色加深，高温下导致营养成分流失大。烘干无花果分为两种，一种是切块后烘干（图 8-8、图 8-9），另外一种是整个果实烘干（图 8-10）。

（1）切块烘干。工艺流程：采摘选果→清洗→切块→烘干→回软→包装。

关键工艺技术要点：一是采摘选果。不同品种的无花果于 7～11 月果实陆

图8-8　无花果果干

图8-9　无花果切果、摆放及烘干

续成熟，当果皮由绿色逐渐变黄，并且果实不再膨大，尚未完全软果熟透时进行采摘。选大小均匀、肉厚、八九成熟的果实进行加工，以确保加工后干果形状整齐、品质好，成品率高。同时，挑除烂果、病虫害果、青果。二是清洗。用流水将无花果冲洗干净。工厂化生产过程中，可用清洗机清洗之后通过传送带运到切割机。三是切块。若规模

图8-10　无花果果干和果脯

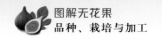

化生产，需要用切片机将无花果进行切分，沿着纤维方向进行切块。一个无花果切成大小均匀的 6～8 小瓣。四是烘干。切好的无花果块果肉朝上，均匀平铺在烘盘上，置于烘箱中进行烘烤。分两次烘烤，第 1 次用高温烘制 12 h，然后中温再烘 2～3 h。在 55～65 ℃温度下烘烤至产品含水量 10%～12%。五是回软。刚烘好的无花果会比较硬，口感较差，需进行回软处理，通常情况下置于空气中回潮 2 次，使其含水量在 17% 左右。六是包装。待烘制好的无花果干冷却至室温后，尽快装入透明的塑料包装罐中密封保存。

产品质量指标：加工后的果干大小均匀，色泽一致，金黄色或褐色，无烤焦的黑色。外表面收缩有皱纹，无杂质。甜度适中，香气浓郁，无异味。理化指标和微生物指标达到国家果干类食品标准。

（2）整果烘干。工艺流程：采摘选果→去皮→去蒂、穿刺→浸泡护色→烘干→包装。

关键工艺技术要点：一是采摘选果。采摘大小一致、果肉厚实、八九分熟的果实，以保证后期产品性状一致，品质优。剔除病害果、烂果、熟透果和青果。二是去皮。采用碱液去皮。配制 10% 氢氧化钠溶液，在不锈钢锅中加热至沸腾，加入无花果并保持水温 90～92 ℃，1 min 后捞出用 1% 盐酸溶液中和，再用大量清水冲洗。通过揉搓，果皮即可脱落，去皮后沥干。三是去蒂、穿刺。用不锈钢刀削除果蒂并将木质部削除干净，否则加工后会带有异味。为使护色期间能均匀渗透，宜用排针刺孔。孔要穿透，并保持鲜果完整。四是浸泡护色。脱皮后应尽快护色，否则去皮后的无花果很快变色。护色采用 0.5% 的亚硫酸氢钠，同时加入 1% 氯化钙溶液浸泡 6～8 h。五是烘干。采用热风干燥，干燥初期，热风温度为 50 ℃，风速 1 m/s，时间 1.5 h，保证无花果内外温度一致；中期热风温度为 70 ℃，风速 3 m/s；后期温度为 55 ℃，风速 0.5 m/s，以防止果干出现硬皮，干燥时间为 16～18 h，产品含水量以 10%～12% 为宜。六是包装。制好的产品尽快密封保存。

产品质量指标：加工后的果干为白色或淡黄白色，并基本一致。外表收缩而有皱纹，大小基本一致。组织表皮无硬壳。果干甜度适中，果香浓郁，无异味。理化指标和微生物指标达到国家食品标准的质量要求。

## 五、无花果果脯

绿色食品无花果果脯的制作要求参照 NY/T 436—2018。无花果果脯（图 8-11）的制作参考下述方法。

### 1. 工艺流程

原料挑选→清洗、切端→护色、硬化→预煮、浸糖→沥糖、烘干→回软→

图 8-11 无花果果脯

分级、包装→成品。

**2. 关键工艺技术要点**

（1）原料挑选。选取完整新鲜、大小均匀、成熟度为七八成熟的无花果为原料，要求无损伤、无腐烂、无病虫害。

（2）清洗、切端。用清水轻柔地清洗 2～3 遍，避免因果皮柔软易破，汁液流失。用水果刀削去果蒂不可食木质部，晾干表面水分备用。

（3）护色、硬化。配制 0.15% 亚硫酸氢钠和 0.4% β-葡萄糖酸内酯溶液作为护色剂和硬化剂，按照无花果鲜果∶护色液＝1（kg）∶1（L）的重量体积配比浸果 1～2 h，进行护色和硬化处理，用清水洗净沥干备用。亚硫酸氢钠处理使产品有光亮透明的色泽，还有利于维生素 A 和维生素 C 的保存。硬化处理可保持无花果煮制时形状不变。

（4）预煮、浸糖。按照无花果∶糖液＝1（kg）∶2（L）的重量体积比将无花果浸入糖液中，加热至微沸状态保持 10～15 min，在室温下静置，每隔 1 h 测定 1 次糖液的糖度，直至不再降低为止。

（5）沥糖、烘干。捞出无花果，沥干表面糖液后，均匀摆放在不锈钢托盘上。60 ℃ 干燥 5 h 后，用 50 ℃ 干燥 25 h，至含水量 20%～22%。其间翻动数次。

（6）回软。干燥后的果脯于室温阴凉处冷却回软 1 h。

（7）分级、包装。根据产品外形和大小进行分级，装袋抽真空密封，成品于阴凉干燥处保存。

**3. 产品质量指标**

无花果果脯的感官质量较好，色泽呈金黄色或浅黄褐色，晶莹透亮，糖分渗透均匀，无返砂现象，不黏结；有无花果干制后的特有香味，甜度适口，无异味，无正常视力可见外来杂质。无花果果脯理化和微生物指标，水分含量20%～22%；二氧化硫≤0.1 g/kg；菌落总数≤1 000 CFU/g；肠菌群≤30 MPN/g；霉

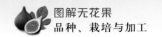
菌≤50 CFU/g；致病菌不得检出。

## 六、无花果低糖果脯

**1. 工艺流程**

原料挑选→清洗→预煮、冷却→真空渗糖→沥干、烘干→上胶衣、灭菌→真空包装→成品。

**2. 关键工艺技术要点**

（1）清洗。选用七八成熟的果实，剔除病果、青果、破损果。流水清洗或者放入水池浸泡 10 min 后捞出，切瓣放入无机盐液中浸泡。

（2）预煮、冷却。预煮的时候选用不锈钢蒸汽夹层锅或者铜锅。锅内先放入清水，加水量为果实的 2～3 倍，煮沸后倒入果实 20～30 kg，边煮边搅动。5～10 min 后果皮色素褪尽，手捏柔软为宜。然后捞出立即浸入清水中冷却，防止果皮褐变。

（3）真空渗糖。浸渍糖液中无花果原果汁占 28%，配制糖量为 30% 和 50% 浸渍糖液各 1 份（其中转化糖占 50%～60%）。再称取浸渍糖液总量 0.4% 的羧甲基纤维素钠和 0.5% 的氯化钠，溶解于糖液中，预热到 60 ℃，备用。将沥干的无花果果块放入含糖量为 30% 的糖液中，在 0.09 MPa 的真空度下处理 15 min，然后常压下浸渍 1 h。再用含糖量 50% 的糖液，在同样真空度下处理 20 min，常压下浸渍 4 h，并添加 0.5% 的柠檬酸、适量的抗坏血酸。

（4）沥糖、烘干。将浸渍的果块从容器中捞出，摆放在烘盘上将糖沥干。然后开始烘制，先用 50 ℃ 烘 2～3 h，以使果脯内外温度一致，水分容易蒸发。然后升温到 60～65 ℃，烘至果脯表面的糖浆不黏手为宜。

（5）上胶衣、灭菌。将烘干的果脯浸入 0.5% 卡拉胶溶液中上胶衣，然后捞出沥干，在 80 ℃ 温度下干燥 30 min 后迅速升温到 90 ℃，保持 5 min，以杀菌灭酶，趁热装入无菌的包装袋中。

（6）真空包装。利用真空封口机将已经装好果脯的包装袋封口。

**3. 产品质量指标**

（1）感官指标。果脯呈棕褐色或琥珀色，色泽基本一致，半透明状。组织形态保持果瓣形状，果皮和果肉有韧性，久置无返砂。口味酸甜适中，风味明显，有嚼劲。

（2）理化指标。总糖量 45%～55%；还原糖占总糖 38%～42%；总酸＜0.5%；水分＜15%。微生物指标菌落总数＜750 个/g；大肠杆菌＜30 个/100 g；致病菌不得检出；真菌计数＜50 个/g。

## 七、无花果罐头

将无花果加工成罐头（图 8 - 12），不仅保持了无花果的原有风味，还不失营养价值。绿色食品罐头的制作要求参照 NY/T 2105—2021。

图 8 - 12　无花果罐头

**1. 工艺流程**

选果→清洗、去皮→漂洗→中和→预煮→修整→装罐加汤→封口→杀菌→成品。

**2. 关键工艺技术要点**

（1）选果。选择果形完整，新鲜饱满，七八成熟的果实。并且无病虫害、软烂、霉烂和干疤，无畸形，无裂果和伤果，直径在至少 30 mm。

（2）清洗、去皮。将挑选好的无花果用流水进行清洗，去除杂质。然后用微微沸腾的浓度为 10%～20% 的烧碱溶液泡 1～3 min，保证果实全部浸入，轻轻搅拌碱液，使得果皮受热均匀。待果皮变黑并裂开时捞出，迅速用冷水冲洗，然后去掉果皮。

（3）中和。因为去皮用到了烧碱，需要用酸将其中和。将捞出的果实用流动水充分漂洗，除去残留的碱液，并用 0.1%～0.2% 的盐酸溶液浸泡，进行中和护色。

（4）预煮。中和处理好的果实在水沸腾后下锅进行预煮，时间控制在 1～3 min，一般煮透为宜，然后捞出，迅速用流水进行冲洗冷却。预煮的水中需要加入 0.1%～0.15% 的柠檬酸。

（5）修整。预煮冷却后的原料经过修整，去除斑点、果蒂、残皮，剔除软烂、变色、开裂、畸形的果实。

（6）装罐加汤。罐子用 82 ℃ 以上的热水消毒后备用。装罐同一罐内要求大小均匀，优级品每 1 罐中不超过 10 粒，一级品每 1 罐中不超过 15 粒。其固

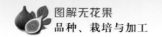

形物装罐量为 185～190 g。配汤为 30％的白砂糖、0.5％～0.6％柠檬酸，经加热煮沸，过滤后备用。

（7）封口。使用真空封罐机封口，要求封口时控制其真空度在 0.035～0.045 MPa。

（8）杀菌。100 ℃条件下杀菌 5～17 min。

**3. 产品质量指标**

（1）感官指标。无花果呈黄色或淡黄色，同一罐内色泽大致一致。酸甜适度，具有无花果罐头应有的滋味和香气，无异味。同一罐内形态、大小大致均匀，允许有轻微机械伤，斑点不超过 5 个，优级品每罐中个数不超过 10 粒，一级品每罐中个数不超过 15 粒。糖水较透明，允许少量果肉碎屑和种子，但不得有外来杂质。

（2）理化指标。可溶性固形物为 16％～18％；砷（以 As 计）≤0.5 mg/kg；铅（以 Pb 计）≤1.0 mg/kg；锡（以 Sn 计）≤250 mg/kg。

（3）微生物指标。符合罐头食品商业无菌要求。

## 八、无花果果酱

生产无花果果酱，具有工艺简单、投资较少的特点。同时，生产无花果果酱（图 8-13），可以提高原料的利用率，提高产品的附加值，是企业致富、解决果农卖果难问题的好途径。无花果可加工成含糖量为 65％～70％的传统果酱，也可加工成低糖无花果果酱。绿色食品果酱的制作要求参照 NY/T 431 的规定。

图 8-13 涂在甜点上的无花果果酱（何少波供图）

**1. 传统高糖无花果果酱**

（1）工艺流程。浸泡→打浆过筛→混合配料→装罐密封→杀菌→成品。

（2）关键工艺技术要点。① 浸泡。将原料加入 2 倍重的 80 ℃热水中浸泡

2 h，使糖渍液充分软化。② 打浆过筛。将充分软化的原料放入打浆机打浆过筛，筛孔 40 目。③ 混合配料Ⅰ。按 50 kg 浆料、45 kg 白糖、5 kg 蜂蜜、0.7 kg 骨粉的比例将配料放入搅拌机加热混合，使白糖完全溶化即成。④ 混合配料Ⅱ。按 30 kg 混合配料Ⅰ，7.0 kg 复合凝胶、0.2 kg 柠檬酸的比例将配料放入搅拌机充分混合，辊压均质，真空脱气，加入 0.1% 的无花果香精混匀。复合凝胶配制方法。将魔芋精粉与黄原胶各配成 3% 的胶体，然后把魔芋精粉与黄原胶的胶体按 2∶3 比例混合。⑤ 装罐密封。将混合配料Ⅱ按重量要求装入玻璃瓶中，蒸汽排气，加盖密封。⑥ 杀菌。100 ℃ 下杀菌 40 min，分段冷却至 38 ℃。

（3）产品质量指标。① 感官指标。果酱呈鲜淡黄色，质地细腻，呈半透明状，稍有弹性，口感酸甜适口，滑润爽口，具有无花果香。② 理化指标。蛋白质 0.68%、总糖 16%、总酸（以柠檬酸计）0.21%。

**2. 低糖无花果果酱**

（1）工艺流程。原料选择→清洗→烫漂→打浆→配料准备→浓缩→装罐、密封→杀菌、冷却→成品

（2）关键工艺技术要点。① 原料选择。选择八成熟、无腐烂、无病虫害的果实。如果实成熟度过高，果胶含量降低，会影响果酱的胶凝性。但成熟度过低，其香味及风味不足。② 烫漂。将无花果倒入沸水烫漂 3 min，主要为破坏氧化酶和果胶酶活性，抑制酶促褐变及果胶物质降解；其次，是软化组织以利打浆。③ 打浆。破碎的无花果经打浆机（筛孔孔径为 0.4~1.2 mm）打浆，去掉籽、果梗等，得到组织细腻的无花果果浆。④ 配料准备。a. 糖浆的配制。将砂糖加水煮沸溶化，配成 70%~75% 的浓糖液，经糖浆过滤器过滤（滤布为 100 目），去掉糖液中的杂质。b. 柠檬酸液的准备。柠檬酸配成 50% 的溶液。c. 增稠剂的处理。琼脂：先用 40~50 ℃ 的温水浸泡软化，清洗掉杂质，再加 20 倍水加热溶解，温度为 60 ℃ 左右，搅拌使之成溶胶；明胶：加入少量热水，不断搅拌，水浴加热 70 ℃ 左右使之成溶胶；海藻酸钠：将 60 ℃ 水徐徐加入海藻酸钠中，同时快速搅拌，用小火加热使之完全溶解；CMC - Na：溶解方法同海藻酸钠。⑤ 浓缩。果浆先入锅加热煮沸数分钟，然后将煮沸的浓度为 75% 的热糖液分 2~3 次加入，每次加入后需搅拌煮沸数分钟，待浓缩到近终点时，再按配方要求，加入柠檬酸和适量增稠剂，并及时搅拌均匀，继续浓缩到可溶性固形物 45% 左右。⑥ 装罐、密封。果酱出锅后应迅速装罐，使装罐后酱体中心温度不低于 80 ℃。趁热密封，使罐内形成一定的真空度。⑦ 杀菌、冷却。果酱为酸性食品，采用常压杀菌，100 ℃ 处理 5~15 min。杀菌后应迅速冷却，如为玻璃罐应采用分段冷却，最后冷却到室温，取出用洁净干

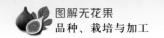

布擦干瓶身，检查有无破裂等异常现象。

（3）产品质量指标。① 感官指标。色泽：金黄色或黄绿色，均匀一致，有光泽；香味及滋味：具有无花果特有的风味及滋味，甜酸适度，无焦煳味及其他异味；组织形态：具一定的胶凝性，不流散，不分泌液汁，无糖结晶，无杂物。② 理化指标。总糖 35%～40%；可溶性固形物 40%～45%；总酸0.5%；铜（以 Cu 计）≤5 mg/kg；铅（以 Pb 计）≤1 mg/kg；砷（以 As 计）≤0.5 mg/kg。③ 微生物指标。细菌总数≤10 个/g；大肠菌群≤3 个/g；致病菌和腐败菌不得检出。

## 九、无花果酵素

食用酵素是经过微生物发酵制得的新型发酵饮品，在实现纯天然绿色食品呈递以及功能化增值等方面具有卓越的表现。无花果鲜果发酵生产的酵素产品（图 8-14），能够形成新的优良风味，并有效保持其营养成分。可满足消费者对健康产品的追求，也能够增加产地无花果的消耗量，减少果农损失，具有很好的经济效益和社会效益。

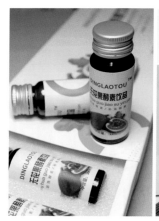

图 8-14　无花果酵素产品

**1. 工艺流程**

榨汁→过滤→澄清→发酵→过滤、调配→灌装杀菌→冷却→成品。

**2. 关键工艺技术要点**

（1）榨汁。取新鲜无花果果实，加入等质量的纯净水进行榨汁处理，浆液经 200 目滤布过滤后备用，即为 50% 无花果汁。将过滤后的果渣再与果实原重 50% 的纯净水混合进行榨汁，即为 2 次榨汁，如此反复至 3 次榨汁。通过酶解也可有效提高无花果的出汁率，无花果果浆使用果胶酶（0.6 g/kg）和纤维素酶（0.2 g/kg）酶解后，再打浆 2 次制汁。在此工艺下，无花果汁的出汁率可达 90%。

（2）澄清。一般采用明胶进行果汁澄清，使用量为 0.01%～0.02%。具体方法是将适量的明胶加水后加热溶解，冷却后加入制备好的无花果果汁中，搅拌均匀低温静置澄清，取上清液。

（3）发酵。取无花果汁液添加 0.3% 的市售菌剂，用蔗糖调糖度为 25%，于 25～28 ℃环境下发酵。在此配方下生产的无花果酵素饮料酸甜适口，风味浓郁。

（4）调配。无花果酵素原浆浓度为 40%，蔗糖添加量为 10%，柠檬酸钠添加量为 0.03%。

（5）灌装杀菌。灌装后的酵素加热至 80 ℃后，装瓶，旋盖，放入 90 ℃热水杀菌 15 min。

## 十、无花果嫩梢叶加工茶

无花果叶中含有多种功能性营养成分，如补骨脂素、佛手柑内酯、氨基酸、维生素等，此外，无花果叶中还含有多种微量元素，如铁、锌、铜、硒等，其中硒含量较高，抗氧化效果显著，有利于人体免疫力的增强。无花果叶制成茶叶（图 8-15）不仅丰富了保健茶类型，扩大了保健茶市场，同时也避免了资源浪费，有利于国家经济的发展，人民生活水平的提高。

图 8-15 无花果嫩梢叶加工茶

**1. 工艺流程**

采摘→清洗沥干→萎凋→杀青→揉捻→干燥→成品。

**2. 关键工艺技术要点**

（1）采摘。鲜叶是无花果叶茶品质的第一决定要素。在无花果叶茶加工制作过程中，大部分水分从无花果叶片中丧失，叶中含有的营养成分发生一系列的化学变化，最终形成茶叶特有的色、香、味。因此，要生产出品质优良的无花果叶茶，鲜叶的选取是至关重要的。决定鲜叶品质的化学成分有叶绿素、氨基酸、茶多酚、可溶性糖等。采摘叶片完整、无病虫害、无腐烂的

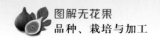

叶片。

（2）清洗沥干。采摘后新鲜的青皮无花果嫩叶，去除叶柄，用水清洗掉叶片表面的尘土及其他杂质，沥干水分。

（3）萎凋。萎凋是将采摘后的无花果鲜叶进行摊放处理，经过一段时间，使鲜叶中的水分散失，叶片出现萎蔫状态。清洗后的叶片进行作形处理，将无花果叶切割成长宽分别约为 5 cm 的正方形叶块，在室温条件下（25 ℃左右）摊放，摊放厚度约 3 cm 左右，进行萎凋处理。萎凋时间为 9 h 时无花果叶中的营养成分含量较为合适，制成的茶叶口感较好。萎凋过程中，鲜叶中的水分含量降低，叶片质地变软，有利于后续的操作过程；另外，鲜叶中所含有的淀粉、蛋白质等营养成分被分解，转化成有利于茶叶品质形成的有效物质。并且随着萎凋的进行，鲜叶中的青臭气味逐渐减少，形成独特的淡香，使制成的成品茶滋味更佳。

（4）杀青。将萎凋适当时间的青皮无花果叶片进行蒸汽杀青处理 3 min。杀青处理是茶叶形成特有的形状和良好的品质的关键工序。经过高温处理使鲜叶的叶质变软，有利于下一步揉捻成一定形状；并且高温使鲜叶中的氧化酶钝化，避免了鲜叶中茶多酚等营养成分的过度破坏，还可形成特有的栗香味。

（5）揉捻。揉捻是叶茶塑型的工序，通过揉捻使茶叶形成条形、半球状或是全球状的外形，并且揉捻可以使叶片细胞破损，挤出茶汁，改善茶叶品质，有利于冲泡。对于杀青后的无花果叶进行揉捻，揉捻要始终保持方向一致，揉捻过程中施力要以重压为主，揉捻开始时叶团需要一定压力，之后注意轻重结合，力道不可一直过重，否则，叶子容易因受单方面力的作用而重叠起来，不利于茶叶形状的形成，并且容易增加茶叶成品的破损率。杀青后的无花果叶一般揉捻 5 min 左右，使叶内细胞破损，汁液流出，叶面有一定的黏手感即可。

（6）干燥。干燥对无花果叶品质的形成有着重要作用，是无花果叶茶制作过程中最后一道重要的工序。在干燥过程中，无花果叶茶失去水分，茶叶达到一定的含水量，并且无花果叶内会发生一系列的热化学反应，使茶叶的色、香、味更趋于完善。同时干燥过程还可使茶叶的形状更加稳固。将揉捻后的无花果叶在 100 ℃下进行恒温干燥处理，平铺厚度为 0.5 cm，干燥时间为100 min。或者用高火微波干燥 6 min，平铺厚度同样为 0.5 cm。

**3. 产品质量指标**

形卷曲、色泽浅绿，香气清香、浓郁持久，汤色黄绿、清澈明亮，滋味鲜醇，叶底鲜绿且亮，并且符合保健茶的营养成分要求。

## 十一、无花果粥

目前，无花果粥类的常见产品类别为罐头类，罐头食品制作有两大关键特征：密封和杀菌。罐头的种类根据容器的不同，可以分为马口罐、玻璃罐、复合薄膜袋等。

**1. 工艺流程**

水处理→水＋辅料＋食品添加剂→调配　洗罐

原料挑选→预处理→混料→灌装封口→杀菌→冷却→保温待检→成品。

**2. 关键工艺技术要点**

（1）预处理。粳米选择新米，无霉变和虫害。无花果原料选择健康、成熟、品质优良的果实。清水洗掉表面杂质，并沥干水分。

（2）调配。根据产品定位，设定不同比例的配料，食品添加剂的使用范围和使用量应符合《食品安全国家标准　食品添加剂使用标准》（GB 2760—2014）的要求。

（3）灌装封口。灌装温度控制在 90～95 ℃，以使罐内食品受热膨胀，将瓶内滞留和溶解的气体排出罐外，保证灌装质量。净含量符合《定量包装商品净含量计算检验规则》（JJF 1 070—2005）标准要求。

（4）杀菌。杀菌温度为（21±2）℃，杀菌压力 0.125 MPa，杀菌时间为 60 min。

**3. 产品质量指标**

（1）感官指标。优质的无花果粥呈各种配料煮熟后的自然色泽。较黏稠、稳定、稠稀适中，均匀一致，无明显分层，无杂质。具有无花果特有的滋味和气味，甜度适中，无异味。口感细腻柔滑，黏稠度和软硬度适宜。

（2）理化指标。固形物含量≥55％，可溶性固形物 9％～14％，pH 5.6～6.7，干燥物含量≥16％，锡（Sn）≤200 mg/kg，铜（Cu）≤5 mg/kg，铅（Pb）≤1 mg/kg，总砷（As）≤0.5 mg/kg。

## 十二、无花果保健胶囊

无花果保健功能非常突出，可以其为主要原料，并添加葛根粉、复合氨基酸和枸杞粉，生产保健胶囊，进一步增强保健效果。这种胶囊营养丰富、具有抗疲劳、增强人体免疫力等优点，彻底解决了初级产品口感粗糙，加工过程中营养成分损失多，色、香、味差异大，废液多，微生物含量高等缺陷。其口感好，容易消化吸收，便于包装和携带。

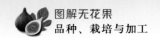
**1. 工艺流程**

无花果选果→清洗→切分→护色→预干燥→真空膨化→粉碎→芯材

乳化剂＋稳定剂＋水 ┐
　　　　　　　　　　├→搅拌均匀→乳化糖浆→过滤
阿拉伯胶溶解→混入麦芽糊精→壁材 ┘

包装←微胶囊成品←喷雾干燥←匀质←调配（添加葛根粉、复合氨基酸、枸杞粉）

**2. 关键工艺技术要点**

（1）选果。要求七八成熟，无病虫害和霉烂果。若成熟度不够，果实糖分积累不足，果实的膨大程度也不够，果型对称性较差，可用于真空膨化的较少。

（2）护色。干燥和真空膨化过程中，无花果中的热敏物质受热损失非常严重，所以必须加入护色剂进行护色。比较成熟的护色剂配方：柠檬酸溶液 0.2%～1.2%、异抗坏血酸钠溶液 0.2%～1.2%、维生素 C 溶液 0.2%～1.2%、氯化钠溶液 0.2%～1.2%、氯化钙溶液 0.2%～1.2%、L-半胱氨酸溶液 0.1%～0.6%，余量为水。

（3）预干燥。目的是去除多余水分，但又不至于全部干燥。干燥条件为：70～100 ℃，干燥 0.5～5 h。

（4）真空膨化。真空膨化为真空变温压差膨化，主要步骤为：设定膨化温度为 70～100 ℃，达到预设温度后打开压力阀使罐体处于 0～0.4 MPa 的高压下保温 10 min。打开真空阀门使罐体压力瞬时下降，降压使罐体的整体温度降为 60～90 ℃后真空干燥 0.5～5 h，使其水分降至 5% 左右。待罐体的整体温度降至 40 ℃以下时，打开进气阀使其恢复常压，然后取出无花果。

（5）粉碎。用粉碎机粉碎，80 目过筛，即得到无花果粉。

（6）壁材选择。选择阿拉伯胶与麦芽糊精进行复配制备微胶囊最为合适。

（7）芯材制备。将制备好的无花果粉、葛根粉、复合氨基酸、枸杞粉按照 4∶3∶2∶1 的比例进行混合均匀，作为芯材。

（8）无花果微胶囊化配方。无花果微胶囊化配方芯材与壁材的比例为 1∶4，阿拉伯胶与麦芽糊精的比例是 1∶1，固形物的浓度为 30%，乳化剂的用量为 0.3%。

（9）乳化剂和稳定剂的选择。选择单脂肪酸甘油酯＋脂肪酸蔗糖酯＋酪蛋白酸钠作为乳化剂。选择黄原胶、海藻酸钠、食用级羧甲基纤维素钠作为稳定剂添加到乳化液中，在其他条件不变的情况下，通过测定液的稳定性对比来确定最好的稳定剂。

（10）匀质。30 MPa 匀质 2 遍，测定乳化液的稳定性。

（11）喷雾干燥。喷雾干燥塔进风温度为 200 ℃，出风温度为 81 ℃。

**3. 产品质量指标**

颜色鲜亮，呈紫红色，表面油含量少，含水量低，包埋效果良好，具有无花果特有的天然香味，口味纯正，无异味，且易于溶解，溶解后乳液润滑细腻。微生物指标应达到细菌总数≤80 个/g，大肠杆菌≤10 个/g，致病菌不得检出。

## 十三、其他

除以上常见加工品外，还有无花果月饼、糕点、巧克力等甜品产品在市面销售（图 8 - 16）。

图 8 - 16 无花果甜品（何少波供图）

# 附录 绿色食品 农药使用准则

## （NY/T 393—2020）

## 1 范围

本标准规定了绿色食品生产和储运中的有害生物防治原则、农药选用、农药使用规范和绿色食品农药残留要求。

本标准适用于绿色食品的生产和储运。

## 2 规范性引用文件

下列文件对于本文件的应用是必不可少的。凡是注日期的引用文件，仅注日期的版本适用于本文件。凡是不注日期的引用文件，其最新版本（包括所有的修改单）适用于本文件。

GB 2763 食品安全国家标准 食品中农药最大残留限量

GB/T 8321（所有部分） 农药合理使用准则

GB 12475 农药储运、销售和使用的防毒规程

NY/T 391 绿色食品 产地环境质量

NY/T 1667（所有部分） 农药登记管理术语

## 3 术语和定义

NY/T 1667 界定的以及下列术语和定义适用于本文件。

### 3.1

**AA 级绿色食品 AA grade green food**

产地环境质量符合 NY/T 391 的要求，遵照绿色食品生产标准生产，生产过程中遵循自然规律和生态学原理，协调种植业和养殖业的平衡，不使用化学合成的肥料、农药、兽药、渔药、添加剂等物质，产品质量符合绿色食品产品标准，经专门机构许可使用绿色食品标志的产品。

### 3.2

**A 级绿色食品 A grade green food**

产地环境质量符合 NY/T 391 的要求，遵照绿色食品生产标准生产，生产过程中遵循自然规律和生态学原理，协调种植业和养殖业的平衡，限量使用限定的化学合成生产资料，产品质量符合绿色食品产品标准，经专门机构许可使用绿色食品标志的产品。

3.3

**农药 pesticide**

用于预防、控制危害农业、林业的病、虫、草、鼠和其他有害生物以及有目的地调节植物、昆虫生长的化学合成或者来源于生物、其他天然物质的一种物质或者几种物质的混合物及其制剂。

注：既包括属于国家农药使用登记管理范围的物质，也包括不属于登记管理范围的物质。

## 4 有害生物防治原则

绿色食品生产中有害生物的防治可遵循以下原则：

——以保持和优化农业生态系统为基础：建立有利于各类天敌繁衍和不利于病虫草害孳生的环境条件，提高生物多样性，维持农业生态系统的平衡；

——优先采用农业措施：如选用抗病虫品种、实施种子种苗检疫、培育壮苗、加强栽培管理、中耕除草、耕翻晒垡、清洁田园、轮作倒茬、间作套种等；

——尽量利用物理和生物措施：如温汤浸种控制种传病虫害，机械捕捉害虫，机械或人工除草，用灯光、色板、性诱剂和食物诱杀害虫，释放害虫天敌和稻田养鸭控制害虫等；

——必要时合理使用低风险农药：如没有足够有效的农业、物理和生物措施，在确保人员、产品和环境安全的前提下，按照第5、6章的规定配合使用农药。

## 5 农药选用

5.1 所选用的农药应符合相关的法律法规，并获得国家在相应作物上的使用登记或省级农业主管部门的临时用药措施，不属于农药使用登记范围的产品（如薄荷油、食醋、蜂蜡、香根草、乙醇、海盐等）除外。

5.2 AA级绿色食品生产应按照附录A中A.1的规定选用农药，A级绿色食品生产应按照附录A的规定选用农药，提倡兼治和不同作用机理农药交替使用。

5.3 农药剂型宜选用悬浮剂、微囊悬浮剂、水剂、水乳剂、颗粒剂、水分散粒剂和可溶性粒剂等环境友好型剂型。

## 6 农药使用规范

6.1 应根据有害生物的发生特点、危害程度和农药特性，在主要防治对象的

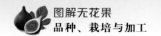
防治适期，选择适当的施药方式。

6.2　应按照农药产品标签或按 GB/T 8321 和 GB 12475 的规定使用农药，控制施药剂量（或浓度）、施药次数和安全间隔期。

## 7　绿色食品农药残留要求

7.1　按照第 5 章的规定允许使用的农药，其残留量应符合 GB 2763 的要求。

7.2　其他农药的残留量不得超过 0.01 mg/kg，并应符合 GB 2763 的要求。

## 附 录 A

### （规范性附录）
### 绿色食品生产允许使用的农药清单

#### A.1 AA 级和 A 级绿色食品生产均允许使用的农药清单

AA 级和 A 级绿色食品生产可按照农药产品标签或 GB/T 8321 的规定（不属于农药使用登记范围的产品除外）使用表 A.1 中的农药。

表 A.1 AA 级和 A 级绿色食品生产均允许使用的农药清单[a]

| 类别 | 物质名称 | 备 注 |
|---|---|---|
| I.植物和动物来源 | 楝素（苦楝、印楝等提取物，如印楝素等） | 杀虫 |
| | 天然除虫菊素（除虫菊科植物提取液） | 杀虫 |
| | 苦参碱及氧化苦参碱（苦参等提取物） | 杀虫 |
| | 蛇床子素（蛇床子提取物） | 杀虫、杀菌 |
| | 小檗碱（黄连、黄柏等提取物） | 杀菌 |
| | 大黄素甲醚（大黄、虎杖等提取物） | 杀菌 |
| | 乙蒜素（大蒜提取物） | 杀菌 |
| | 苦皮藤素（苦皮藤提取物） | 杀虫 |
| | 藜芦碱（百合科藜芦属和喷嚏草属植物提取物） | 杀虫 |
| | 桉油精（桉树叶提取物） | 杀虫 |
| | 植物油（如薄荷油、松树油、香菜油、八角茴香油等） | 杀虫、杀螨、杀真菌、抑制发芽 |
| | 寡聚糖（甲壳素） | 杀菌、植物生长调节 |
| | 天然诱集和杀线虫剂（如万寿菊、孔雀草、芥子油等） | 杀线虫 |
| | 具有诱杀作用的植物（如香根草等） | 杀虫 |
| | 植物醋（如食醋、木醋、竹醋等） | 杀菌 |
| | 菇类蛋白多糖（菇类提取物） | 杀菌 |
| | 水解蛋白质 | 引诱 |
| | 蜂蜡 | 保护嫁接和修剪伤口 |
| | 明胶 | 杀虫 |
| | 具有驱避作用的植物提取物（大蒜、薄荷、辣椒、花椒、薰衣草、柴胡、艾草、辣根等的提取物） | 驱避 |
| | 害虫天敌（如寄生蜂、瓢虫、草蛉、捕食螨等） | 控制虫害 |

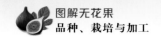

表 A.1（续）

| 类别 | 物质名称 | 备 注 |
|---|---|---|
| Ⅱ. 微生物来源 | 真菌及真菌提取物（白僵菌、轮枝菌、木霉菌、耳霉菌、淡紫拟青霉、金龟子绿僵菌、寡雄腐霉菌等） | 杀虫、杀菌、杀线虫 |
| | 细菌及细菌提取物（芽孢杆菌类、荧光假单胞杆菌、短稳杆菌等） | 杀虫、杀菌 |
| | 病毒及病毒提取物（核型多角体病毒、质型多角体病毒、颗粒体病毒等） | 杀虫 |
| | 多杀霉素、乙基多杀菌素 | 杀虫 |
| | 春雷霉素、多抗霉素、井冈霉素、嘧啶核苷类抗菌素、宁南霉素、申嗪霉素、中生菌素 | 杀菌 |
| | S-诱抗素 | 植物生长调节 |
| Ⅲ. 生物化学产物 | 氨基寡糖素、低聚糖素、香菇多糖 | 杀菌、植物诱抗 |
| | 几丁聚糖 | 杀菌、植物诱抗、植物生长调节 |
| | 苄氨基嘌呤、超敏蛋白、赤霉酸、烯腺嘌呤、羟烯腺嘌呤、三十烷醇、乙烯利、吲哚丁酸、吲哚乙酸、芸薹素内酯 | 植物生长调节 |
| Ⅳ. 矿物来源 | 石硫合剂 | 杀菌、杀虫、杀螨 |
| | 铜盐（如波尔多液、氢氧化铜等） | 杀菌，每年铜使用量不能超过 6 kg/hm² |
| | 氢氧化钙（石灰水） | 杀菌、杀虫 |
| | 硫黄 | 杀菌、杀螨、驱避 |
| | 高锰酸钾 | 杀菌，仅用于果树和种子处理 |
| | 碳酸氢钾 | 杀菌 |
| | 矿物油 | 杀虫、杀螨、杀菌 |
| | 氯化钙 | 用于治疗缺钙带来的抗性减弱 |
| | 硅藻土 | 杀虫 |
| | 黏土（如斑脱土、珍珠岩、蛭石、沸石等） | 杀虫 |
| | 硅酸盐（硅酸钠、石英） | 驱避 |
| | 硫酸铁（3 价铁离子） | 杀软体动物 |
| Ⅴ. 其他 | 二氧化碳 | 杀虫，用于储存设施 |
| | 过氧化物类和含氯类消毒剂（如过氧乙酸、二氧化氯、二氯异氰尿酸钠、三氯异氰尿酸等） | 杀菌，用于土壤、培养基质、种子和设施消毒 |

表 A.1（续）

| 类别 | 物质名称 | 备注 |
|------|----------|------|
| V. 其他 | 乙醇 | 杀菌 |
| | 海盐和盐水 | 杀菌，仅用于种子（如稻谷等）处理 |
| | 软皂（钾肥皂） | 杀虫 |
| | 松脂酸钠 | 杀虫 |
| | 乙烯 | 催熟等 |
| | 石英砂 | 杀菌、杀螨、驱避 |
| | 昆虫性信息素 | 引诱或干扰 |
| | 磷酸氢二铵 | 引诱 |

ᵃ 国家新禁用或列入《限制使用农药名录》的农药自动从该清单中删除。

## A.2 A 级绿色食品生产允许使用的其他农药清单

当表 A.1 所列农药不能满足生产需要时，A 级绿色食品生产还可按照农药产品标签或 GB/T 8321 的规定使用下列农药：

a) 杀虫杀螨剂

   1) 苯丁锡 fenbutatin oxide

   2) 吡丙醚 pyriproxifen

   3) 吡虫啉 imidacloprid

   4) 吡蚜酮 pymetrozine

   5) 虫螨腈 chlorfenapyr

   6) 除虫脲 diflubenzuron

   7) 啶虫脒 acetamiprid

   8) 氟虫脲 flufenoxuron

   9) 氟啶虫胺腈 sulfoxaflor

   10) 氟啶虫酰胺 flonicamid

   11) 氟铃脲 hexaflumuron

   12) 高效氯氰菊酯 beta-cypermethrin

   13) 甲氨基阿维菌素苯甲酸盐 emamectin benzoate

   14) 甲氰菊酯 fenpropathrin

   15) 甲氧虫酰肼 methoxyfenozide

   16) 抗蚜威 pirimicarb

   17) 喹螨醚 fenazaquin

18) 联苯肼酯　bifenazate

19) 硫酰氟　sulfuryl fluoride

20) 螺虫乙酯　spirotetramat

21) 螺螨酯　spirodiclofen

22) 氯虫苯甲酰胺　chlorantraniliprole

23) 灭蝇胺　cyromazine

24) 灭幼脲　chlorbenzuron

25) 氰氟虫腙　metaflumizone

26) 噻虫啉　thiacloprid

27) 噻虫嗪　thiamethoxam

28) 噻螨酮　hexythiazox

29) 噻嗪酮　buprofezin

30) 杀虫双　bisultap thiosultapdisodium

31) 杀铃脲　triflumuron

32) 虱螨脲　lufenuron

33) 四聚乙醛　metaldehyde

34) 四螨嗪　clofentezine

35) 辛硫磷　phoxim

36) 溴氰虫酰胺　cyantraniliprole

37) 乙螨唑　etoxazole

38) 茚虫威　indoxacard

39) 唑螨酯　fenpyroximate

b)　杀菌剂

1) 苯醚甲环唑　difenoconazole

2) 吡唑醚菌酯　pyraclostrobin

3) 丙环唑　propiconazol

4) 代森联　metriam

5) 代森锰锌　mancozeb

6) 代森锌　zineb

7) 稻瘟灵　isoprothiolane

8) 啶酰菌胺　boscalid

9) 啶氧菌酯　picoxystrobin

10) 多菌灵　carbendazim

11) 噁霉灵　hymexazol

12）　噁霜灵　oxadixyl

13）　噁唑菌酮　famoxadone

14）　粉唑醇　flutriafol

15）　氟吡菌胺　fluopicolide

16）　氟吡菌酰胺　fluopyram

17）　氟啶胺　fluazinam

18）　氟环唑　epoxiconazole

19）　氟菌唑　triflumizole

20）　氟硅唑　flusilazole

21）　氟吗啉　flumorph

22）　氟酰胺　flutolanil

23）　氟唑环菌胺　sedaxane

24）　腐霉利　procymidone

25）　咯菌腈　fludioxonil

26）　甲基立枯磷　tolclofos-methyl

27）　甲基硫菌灵　thiophanate-methyl

28）　腈苯唑　fenbuconazole

29）　腈菌唑　myclobutanil

30）　精甲霜灵　metalaxyl-M

31）　克菌丹　captan

32）　喹啉铜　oxine-copper

33）　醚菌酯　kresoxim-methyl

34）　嘧菌环胺　cyprodinil

35）　嘧菌酯　azoxystrobin

36）　嘧霉胺　pyrimethanil

37）　棉隆　dazomet

38）　氰霜唑　cyazofamid

39）　氰氨化钙　calcium cyanamide

40）　噻呋酰胺　thifluzamide

41）　噻菌灵　thiabendazole

42）　噻唑锌

43）　三环唑　tricyclazole

44）　三乙膦酸铝　fosetyl-aluminium

45）　三唑醇　triadimenol

46) 三唑酮　triadimefon

47) 双炔酰菌胺　mandipropamid

48) 霜霉威　propamocarb

49) 霜脲氰　cymoxanil

50) 威百亩　metam-sodium

51) 萎锈灵　carboxin

52) 肟菌酯　trifloxystrobin

53) 戊唑醇　tebuconazole

54) 烯肟菌胺

55) 烯酰吗啉　dimethomorph

56) 异菌脲　iprodione

57) 抑霉唑　imazalil

c) 除草剂

1) 2 甲 4 氯　MCPA

2) 氨氯吡啶酸　picloram

3) 苄嘧磺隆　bensulfuron-methyl

4) 丙草胺　pretilachlor

5) 丙炔噁草酮　oxadiargyl

6) 丙炔氟草胺　flumioxazin

7) 草铵膦　glufosinate-ammonium

8) 二甲戊灵　pendimethalin

9) 二氯吡啶酸　clopyralid

10) 氟唑磺隆　flucarbazone-sodium

11) 禾草灵　diclofop-methyl

12) 环嗪酮　hexazinone

13) 磺草酮　sulcotrione

14) 甲草胺　alachlor

15) 精吡氟禾草灵　fluazifop-P

16) 精喹禾灵　quizalofop-P

17) 精异丙甲草胺　s-metolachlor

18) 绿麦隆　chlortoluron

19) 氯氟吡氧乙酸（异辛酸）　fluroxypyr

20) 氯氟吡氧乙酸异辛酯　fluroxypyr-mepthyl

21) 麦草畏　dicamba

22）　咪唑喹啉酸　imazaquin

23）　灭草松　bentazone

24）　氰氟草酯　cyhalofop butyl

25）　炔草酯　clodinafop-propargyl

26）　乳氟禾草灵　lactofen

27）　噻吩磺隆　thifensulfuron-methyl

28）　双草醚　bispyribac-sodium

29）　双氟磺草胺　florasulam

30）　甜菜安　desmedipham

31）　甜菜宁　phenmedipham

32）　五氟磺草胺　penoxsulam

33）　烯草酮　clethodim

34）　烯禾啶　sethoxydim

35）　酰嘧磺隆　amidosulfuron

36）　硝磺草酮　mesotrione

37）　乙氧氟草醚　oxyfluorfen

38）　异丙隆　isoproturon

39）　唑草酮　carfentrazone-ethyl

d）　植物生长调节剂

1）　1-甲基环丙烯　1-methylcyclopropene

2）　2,4-滴　2,4-D（只允许作为植物生长调节剂使用）

3）　矮壮素　chlormequat

4）　氯吡脲　forchlorfenuron

5）　萘乙酸　1-naphthal acetic acid

6）　烯效唑　uniconazole

国家新禁用或列入《限制使用农药名录》的农药自动从上述清单中删除。

————————

# 主 要 参 考 文 献

曹尚银，2001. 无花果高效栽培与加工利用［M］. 北京：中国农业出版社．

曹尚银，杨福兰，2003. 石榴无花果良种引种指导［M］. 北京：金盾出版社．

段玉权，林琼，范蓓，2019. 无花果储藏保鲜加工与综合利用［M］. 北京：中国农业科学技术出版社．

高磊，魏翠果，贾自乾，等，2021. 无花果遗传资源与育种研究进展［J］. 安徽农业科学，49（18）：1-4、8.

胡西旦·买买提，木合塔尔·艾乃吐拉，热西旦·阿木提，等，2020. 无花果的花果形态特征与新品种选育［J］. 新疆农业科技（5）：33-35.

蒋东安，万军，陈安全，等，2014. 无花果无性繁殖研究进展［J］. 四川林业科技，35（1）：40-43.

刘庆帅，戴婧豪，蔡云鹏，等，2021. 无花果种质资源的研究进展［J］. 北方果树（3）：1-4.

麦合木提江·米吉提，2015. 中国无花果病毒的鉴定及其分子特征研究［D］. 北京：中国农业科学院研究生院．

沈元月，2018. 我国无花果发展现状、问题及对策［J］. 中国园艺文摘，34（2）：5.

孙锐，贾明，孙蕾，2015. 世界无花果资源发展现状及应用研究［J］. 世界林业研究，28（3）：31-36.

王博，翟光辉，潘忠强，等，2016. 无花果的生物学习性及栽培技术［J］. 落叶果树，48（3）：47-49.

王佳，程芳梅，张营营，等，2020. 无花果病虫害与自然灾害综合防控技术［J］. 安徽农学通报，26（23）：86-88.

徐翔宇，曾令宜，张文，等，2016. 无花果新品种'紫宝'［J］. 园艺学报，43（8）：1623-1624.

赵长民，2020. 图解无花果优质栽培与加工利用［M］. 北京：机械工业出版社．

朱玉龙，朱承宇，2022. 杭州地区无花果大棚高产栽培技术［J］. 上海农业科技（1）：73-74、76.

**图书在版编目（CIP）数据**

图解无花果品种、栽培与加工 / 吴江等编著 . —北京：中国农业出版社，2023.1（2023.9 重印）
ISBN 978 - 7 - 109 - 30391 - 1

Ⅰ.①图… Ⅱ.①吴… Ⅲ.①无花果－品种－图解②无花果－果树园艺－图解③无花果－加工－图解 Ⅳ.①S663.3 - 64

中国国家版本馆 CIP 数据核字（2023）第 020287 号

——————————————————

中国农业出版社出版

地址：北京市朝阳区麦子店街 18 号楼
邮编：100125
责任编辑：廖　宁
责任校对：吴丽婷
印刷：中农印务有限公司
版次：2023 年 1 月第 1 版
印次：2023 年 9 月北京第 2 次印刷
发行：新华书店北京发行所
开本：700mm×1000mm　1/16
印张：8
字数：150 千字
定价：68.00 元

——————————————————